西安交通大学研究生“十四五”规划精品系列教材

从景观中走来

CONG JINGGUAN ZHONG ZOULAI

主编　蒋维乐
副主编　王彦清

西安交通大学出版社
XI'AN JIAOTONG UNIVERSITY PRESS

图书在版编目(CIP)数据

从景观中走来 / 蒋维乐主编. --西安 ：西安交通大学出版社，2025.2. -- ISBN 978-7-5693-1066-5

Ⅰ. TU986.2

中国国家版本馆 CIP 数据核字第 2024YB6170 号

书　　名　从景观中走来
　　　　　　CONG JINGGUAN ZHONG ZOULAI
主　　编　蒋维乐
副 主 编　王彦清
责任编辑　柳　晨
责任校对　杨　璠
装帧设计　王彦清　伍　胜

出版发行　西安交通大学出版社
　　　　　　（西安市兴庆南路 1 号　邮政编码 710048）
网　　址　http://www.xjtupress.com
电　　话　(029)82668357　82667874(市场营销中心)
　　　　　　(029)82668315(总编办)
传　　真　(029)82668280
印　　刷　陕西印科印务有限公司

开　　本　787 mm×1092 mm　1/16　**印张**　10.5　**字数**　176 千字
版次印次　2025 年 2 月第 1 版　2025 年 2 月第 1 次印刷
书　　号　ISBN 978-7-5693-1066-5
定　　价　78.00 元

如发现印装质量问题，请与本社市场营销中心联系。
订购热线：(029)82665248　(029)82667874
投稿热线：(029)82668133

前言

《从景观中走来》是将景观作为一种区域现象进行研究，从时间演变和空间分异的角度论述中外景观的成因及特征。探讨世界园林发展史和景观艺术研究是一项宏大的课题，景观园林作为人类文明的物化产物之一，与人类的关系源远流长。正如英国学者莱普顿所说，园林是，或者必须是被耕种的。基于这一观点，就需要谈到景观园林的本质问题。景观是自然的，同时也是一项人类活动。从物质因素来看，无论在何地域，景观园林的发轫与人类社会的生产生活(如农业、地缘、植物等)紧密联系；而后，诸如政治、神话、教育等社会因素或意识形态决定了其风景式特点。

20 世纪以降，国内外许多关于中外园林史、景观艺术的专著或教材相继出版，此类书籍多关注景观园林在某一地域发展历史的纵向论述，或深耕于景观园林在不同地域发展历史的横向分析，并已取得相当的成就，但往往区域性内容较多，难免忽视对景观园林发展和变化发展的全面、均衡的分析与概括。因此，本书编写组自 2020 年始收集资料、梳理框架，以期补充和完善这一内容。正如柏杨先生在其著作《中国人史纲》中，以中国历史发展的重要基础(地理环境)为出发点，论述中国人共同的家族史。笔者也希望从初始的、本原的层级(诸如农业、神话等)去探讨景观之流变，并基于此，逐步梳理景观艺术特征在历史环境中的嬗变关系，这是本书的初衷，由初始本原到深层内涵，即从景观中走来。

全书以自然环境、历史文化、政治经济、人文艺术等多个维度作为景观园林研究认知的背景，将景观这一区域现象的发生、发展和阶段性特征划分为植物、神话、象征与符号三个部分，本书的框架即根据这一分类。因探讨的角度不同于以往的相关书籍，这里首先要对植物、神话、象征与符号三个基本方面的选择依据进行说明。

就植物方面而言，在西方，culture（文明）本义为耕种，栽培，正如前文所述，景观园林发轫于农业，而农业是所有文明的先声。在远古时期，先民采集野果时发现野生植物年年都会生长，他们便有意将种子留在土地里，尝试对这些植物进行培植。他们还发现，翻耕土地、扩大种植面积是提高产量的可行途径。除此之外，还应及时除野草，设护栏，以保证植物正常生长。于是，先民开始有意引种驯化以使植物适应气候变化。直到现在，农业生产中依然沿用大田农业和园圃农业（精细农业）两种种植方式，而园圃农业正是景观园林的雏形[①]。

从“植物—农业—文明—景观”这一历史逻辑来看，植物作为物质资料生产的基本单元，受地缘差异影响而呈现的空间分异性导致了不同的文明，进而发展出了各具特色的景观现象。可见，了解不同地域、民族的植物选择，将有利于从景观之本原把握区域文化之个性，这无论对世界园林史研究还是景观艺术设计研究都具有重要意义。此外，景观园林的分类多种多样：从历史角度来看，有古典园林与现代园林；从地域角度来看，有中国园林与西方园林……事实上，无论何种景观类别或属性，其审美文化的表达与营造无不与植物紧密相关，作为景观园林设计中必不可少的造景要素，没有植物也就无所谓景观园林。因此从植物角度探讨景观艺术是十分有必要的。

近年来，随着经济全球化深入发展，城市人口膨胀、土地资源紧张、自然环境持续恶化等问题愈发受到重视，而景观植物所具有的绿化、美化和净化功能则在当今社会经济发展中表现出了重要意义和突出作用。正如英国造园家克劳斯顿所说：园林设计归根结底是植物材料的设计，

① 事实上，苑囿作为中国园林的雏形也说明了这点。

其目的就是改善人类的生活环境，其他的内容只能在一个有植物的环境中发挥作用。由此，景观设计师或相关研究人员了解、掌握景观植物，不仅在景观园林的文化溯源方面具有历史意义，更是在探索景观设计未来发展方向、打造生态绿色美好家园等方面具有现实意义。

虽然笔者根据前文所述逻辑说明了植物在景观园林中的重要意义，但景观从何时发源、如何发展仍是一个值得探讨的话题，国内外众多园林史方面的学者对这些问题已展开充分研究，并已取得具有一定影响力的成果。一般来说，大多以考据和考证为基础，通过田野调查、文献综述等方法推断园林的形制特点，描述园林的历史进程，其结果则几乎都归结于同一静态的历史事实，即每个地区或民族的景观园林，除了艺术特征和造景理念存在差异外，其起源和发展均具有相似性。例如，世界范围内的园林大致可分为东方园林、欧洲园林和西亚园林三大体系，前者源于苑囿和灵台，中者和后者源于乐园、圣林和园圃，三大园林体系均说明了早期园林作为物质生产场所、娱乐场所或早期宗教活动场所的相似性[①]。此外，不同的园林体系在不同的历史时期出现的园林类型也是相似的[②]，均说明了景观园林的实用性与观赏性的嬗变关系。

不少学者对不同园林体系的造园史进行了翔实的论述和补缀，但极少把景观园林史上溯至三皇五帝时期或旧约时期。因为上古时期缺少文字记载，所以对当时的人物或发生的事件无法直接考证，且这些人物或事件往往带有神话色彩，而上古神话传说在现代文明的理性逻辑中往往被认为是混沌的、莫名其妙的。但不得不承认，无论是《山海经》还是《圣经·旧约》，这些古老的历史典籍所记载的神话、传说和故事是历史学、考古学以及民族学等方面研究的宝贵资料，在这些典籍中我们或许能够挖掘出与造园有关的情况。

当谈到神话传说时，宗教思想是绕不开的，需要说明的是，在这里我们并不探讨形而上学体系或神学体系，也不讨论神话主旨或宗教思想，

---

① 园圃、乐园是不同地区或民族私家园林的原型；灵台、圣林则说明了景观园林与早期宗教活动之间的关系。

② 比如商周时期的社坛神苑用于祭祀地祇以求丰年，同时期古埃及文明的圣苑及古希腊文明的圣林用以装饰神庙；魏晋南北朝时期是中国园林自然式山水的起点，同时带动了宫宅园林、庄园别业的兴盛，寺观园林也自此成为中国园林中的独立一支，而中世纪的西欧园林因政教合一、王权分散进而发展为以实用为目的的修道院园林和城堡园林。

而是探究其与景观园林之间的关系以及影响后世景观园林发展的因素。神话作为一个民族和国家的宝贵精神财富，是先民为了自身生存而同大自然共处或斗争的产物，也就是说，神话往往作为对自然现象或早期人类生活现象的一种解释和描述。正如法国社会学家涂尔干所说，神话的所有基本主旨都是人的社会生活的投影，并靠着这一投影使得自然成为社会化世界的映像，即自然反映了社会的全部基本特征，反映了社会的组织和结构、区域的划分与再划分。与神话一样，景观园林也是在实用功能到观赏功能的转变中，在对自然的改造和适应中，在特有环境的政治、经济和文化等的共同作用下发展而来的。同时，神话作为贯穿包括现代社会的整个人类历史的文化现象，自然也会影响景观园林的形式与特征。例如，在东方神话中，东海的蓬莱、方丈、瀛洲三座仙山有仙居之，仙人有长生不老之药，食之可与天地共生，受神仙思想的影响，一池三山成为中国园林中的一种传统格局；而在西方园林中随处可见的景观雕塑无不体现了西方神话中的人物或事件。

德国哲学家恩斯特·卡西尔在其著作《人论》中提道："我们不能把神话归结为某种静止的要素。"因此，就以往园林史研究所得的静态结果而言，本书编写组希望从另一角度来处理相关信息，即从神话的角度探讨传统园林以及园林模式的产生与发展，以期在解答景观园林的来源问题的同时，为景观行业的研究人员提供参考资料或创作题材。

景观作为一种复杂的自然过程或人类文明活动的结果，"既是一个由不同土地单元镶嵌组成的具有明显视觉特征的地理实体，也是一个处于生态系统之上、大地理区域之下的生态系统载体，同时包括大地上的建筑、道路系统等人文要素，是不同尺度的大地综合体，兼具经济价值、生态价值和美学价值"[①]。如果说由农业、植物、神话、传说等物质因素和社会因素引起的造景活动是景观的初始本原，那么景观的风景式特征所包含的意蕴和意义则是其深层内涵，更是人们造景和观景的重要内容。庄子云："言者所以在意，得意而忘言。"即领会了言语所传告的意义便能够看到言语与所描述事件之间表征与被表征的关系。一切文化形式都是

① 唐军. 追问百年：西方景观建筑学价值判断[M]. 南京：东南大学出版社，2004.

符号形式[①]，同理，景观作为一种文化现象，是一种可以叙事的言语[②]，其往往通过某种感性形象去表征其抽象意蕴和意义，这种表征方式即象征，而其借助的表征媒介即符号。因此，我们可以将造景活动理解为一种符号活动，景观设计师可以通过对符号的运用去表达其思想的象征。

就象征与符号而言，众多研究已经表明景观园林属于符号系统以及景观构成与语言逻辑的相似性。例如，在语构理论中包括表层结构和深层结构两个层次，深层结构即一句话的主旨语义，表层结构即基于深层结构来表达情感思想的句子，同一深层结构可以在不同的表层结构中进行表达。在景观中同理，表层结构即景观的表现形式，而深层结构则对应了景观所蕴含的意义。然而在现实生活中的景观创作通常存在着有象无境、有境无蕴的尴尬问题，即表层结构程式化、形式化带来的深层结构空白化的问题，其原因则主要在于象征与符号在景观创作中的运用往往是知其然而不知其所以然。因此，本书将象征与符号作为第三篇，目的在于揭示景观的认知和活动机制、景观语言符号的意义生成和传达机制，并希望能够为具体的景观创作提供依据和参考。

在社会经济快速发展的今天，城市不断扩张，土建量日益上升，生态环境和精神环境不断受到威胁，民众对景观科学、园林建设以及环境保护事业的关注与需求也在日益增多。本书以植物、神话、象征与符号为切入点对景观园林艺术加以深入和翔实的介绍，其中既有知识之传播，亦有学问之争鸣，期望能够为读者，尤其是相关行业人员提供景观创作的题材和依据，为世界园林发展史和景观艺术研究这一宏大课题贡献微薄之力。由于研究范围大、参考资料有限以及余管窥蠡测，刍荛之见难免疏漏，敬请读者赐教。

本书撰写前后历时3年多，在撰写阶段参阅了大量著作及文献资料，回忆收集和阅读资料的过程，整个编写组都是愉快的，但将庞杂的知识予以梳理，却需要更多的努力和更长的岁月。在写作瓶颈时期，则需要极大的耐心与细心。最终得以成章则尤要对我的导师，意大利著名园林史学家 Maria Adriana Giusti(玛丽亚·阿德里安娜·朱斯蒂)教授深表谢

---

① 卡西尔. 人论[M]. 甘阳，译. 上海：上海译文出版社，2004.

② 在瑞士语言学家索绪尔的语言学理论中，言语(speech)是语言(language)这一符号体系的具体运用。

意，特别感谢药学家郭鹏举先生宝笈的圭泉之用，亦对其他文献作者表示感谢。同时也要感谢西安交通大学王彦清、王励、卢迪、张一航、杨紫嫣、邹铭聪、范莹露、赵诣、李璐洋等在本书编写过程中付出的辛勤劳动。

我之所以敢于尝试完成这样的工作，出于家人、朋友的支持，爱护照顾，常常鼓励，得他们的荫庇，在此一并感谢！除此外，在我是没有比此更为可感的了。

蒋维乐

2024 年 3 月

目录
CONTENTS

上篇：草木本心

中篇：碧落坤灵

下篇：弦外有音

上篇：草木本心

草木有本心，即一草一木散发香气源于特性，说明了植物的美化、香化作用，以及具有观赏价值的景观属性。20 世纪 70 年代，浙江宁波余姚河姆渡文化遗址曾出土了一块距今 7000 年的五叶纹和三叶纹陶块，其上绘有盆栽植物图案。可见，早在农耕文明之初，或为祭祀，或为娱乐，植物除作为生产生活资料之外，已经以景观的形式在人类社会中留下踪迹。而后的历史时期，随着社会生产水平的不断提高，人们对景观植物的认识、驯化和应用也在不断加深，越来越多的植物被用于园林中创造植物景观，在世界范围内形成了各具特色的景观形式与风格。植物作为景观的关键要素，是造园的重要手段与材料，没有植物也就无所谓景观。因此，本篇分“植物驯化”“植物用途”“利用植物”三章，从植物学、药学、农学以及园艺学等方面探讨植物作为物质生产资料的基本单元，是如何受地缘差异影响呈现出空间分异性进而导致不同的文明，发展出各具特色的景观现象，从而了解不同地域的植物选择，把握不同区域文化之个性。

第一章

植物驯化

200多万年前，人类通过捕猎野生动物和采集自然果实满足基本的温饱需求。可以说，植物在这一时期的作用是提供食物。有趣的是，在大约1万年前，全球各大洲的人类异步但相互呼应地展开了一项至关重要的活动——植物的驯化。人类开始有目的地栽培采集来的植物，在人工和自然选择的影响下改良有益特征，逐渐培育出一大批更适宜人类食用、更具营养价值的栽培植物。这个植物驯化的过程不仅开启了农业时代，也为人类文明开启了崭新篇章。通过对植物的驯化，人类逐渐由游牧狩猎的生活方式过渡到在自行培育的土地上等待丰收的农耕生活，这对于文明的进程具有极为重要的启发。足够的食物供应使人类社群从原本的几十人、几百人逐渐扩大到更多人，从小规模聚居演变为大型部落群居，进而形成城市、城邦，最终演变为一个国家。在社群和城邦逐渐壮大的过程中，社会分工、阶级差异、社会契约等现象逐渐显现。如果没有植物的驯化，人类可能还停留在狩猎采集的时代。不同地域、不同时间对植物的驯化也孕育了不同的人类文明，且极大地影响了周围的自然环境。

第一节 景观园林的物质活动起源

从狩猎采集到农耕文明的演变可以说是人类文明发展史上极为重要的转折，这一演变过程实际上代表着早期人类从觅食到耕种、从采集到生产、从野生到家庭的转变，这为人类社会随后的重大发展奠定了基础。因此，在论述景观植物之前探讨植物之驯化和农业之起源是至关重要的。

一、原始农业与植物驯化之开端

关于原始农业的起源，或许可以从食物生产经济展开讨论。根据考古学家柴尔德的观点，食物生产经济的确立通常被称为新石器革命，它反映了原始社会中经济与社会生活完全交织在一起的显著特点。在原始社会中，经济与社会组织及意识形态紧密相连，这是原始社会基本功能紧密融合的表现之一。然而，当经济活动发展到较高水平时，就失去了最初包罗万象的特点，导致经济、意识和意识形态的功能趋向各异。

事实上，食物生产的起源相当久远，可以追溯到更新世时期①。这是因为食物生产根植于早期人类劳动的本质和作为动物获取食物的本能。而在更新世时期，一些地区的植物和动物已经被置于当地先民的掌控或管理之下。

随着更新世的来临，先民的生产活动和相应的技术逐渐侧重如何有效地从食物资源中提取营养成分。考古学的相关发现表明，在某些更新世的族群中，人类和动物之间开始建立密切的关系，如巴勒斯坦的瞪羚、欧洲的鹿、阿尔及利亚的羚羊等。这种紧密的关系有时甚至达到了“驯化”的状态。英国考古学家普尔·班认为，欧洲先民在旧石器时代后期便已开始管

① 在约258万年前到1万年前，世界上大部分地区仍处于狩猎和采集的生活状态，属于旧石器时代的文化阶段。

理或驯化马匹，并且还有可能对驯鹿也进行管理与驯化。

当然，食物生产最初的探索并不是一帆风顺的。早期的食物生产活动实际上是由于族群受到如因人口骤增而食物供应短缺等方面的压力，而一旦这种压力减弱，便会使这一族群重新回到传统的狩猎采集活动中，这一情况在食物生产的萌芽阶段是经常发生的。因此，在初期突破栽培和驯化的水平，使食物生产经济从根本上发展下去是不可能的。然而就是这些压力，特别是人口压力，推动了食物生产经济的发展。努力加强农耕的过程实际上是食物生产经济自发扩大再生的过程。随着农耕的集约化，原有的生物群系也逐渐发生变化，导致人们对野生食物资源的依赖逐步降低，而对栽培和家畜化食物的依赖程度不断提高。一旦确立了采用食物生产经济方式的生活，食物生产经济就必须维持下去。以食物作为社会根基的传统生产活动的物质基础发生了改变，有时还导致自然环境发生变化。在这一演变过程中，其状态无法再恢复原貌，或者说返祖几乎是不可能的，食物生产经济也进入类似现代产业社会的状态。

到了新石器时代，随着食品生产经济的发展，原始农业文明由此开源。屹立于土耳其东部的哥贝克力巨石阵(见图 1－1)是现存最古老的神庙，距今约 11500～10000 年。神庙的祭坛由重达数吨的巨石排列成环状，石柱上雕刻着狮、蝎、狐、鹰、野猪等动物。哥贝克力遗址引发了学术界关于重新界定人类定居时间的探讨。

图 1－1 哥贝克力巨石阵复原图

哥贝克力遗址记载了远古人类靠狩猎和采集为生的历史。考古专家认为，当时的先民本以狩猎和采集为生，并在公元前 11500 年左右在此定居，而后逐渐形成了三四百人的聚落。而原本已在发展中的人类却在大约公元前 10900 年遭遇了重大的打击，即冰川期最后一次急剧降温事件——新仙女木事件，与此同时，地球也正遭受着来自外太空的彗星的撞击①。逐渐变冷和干旱的气候使得环境越来越恶劣，水源匮乏，自然中可狩猎和采集的动植物越来越少，仅靠狩猎和采集已经无法维持聚落的生存。因此，先民开始耕种野草以保证基本的生存。对麦种 DNA 的相关研究表明，单粒小麦（野生）最早就种植在哥贝克力附近的喀拉卡达山脉上。

在随后的进程中，公元前 10500 年左右，当地先民开始尝试种植黑麦，农业也开始了缓慢发展，聚落逐渐扩展成一个占地 12 公顷且规划整齐的村落，并从半地穴式房升级成单层泥砖房。公元前 9000 年后，新月沃地②一带的村落不断增加，植物驯化种类也逐渐增多，已驯化种类包括大麦、小麦、燕麦、豌豆、扁豆、无花果等。可见，生存的本能推动了人们从事耕种活动，而哥贝克力遗址说明人类文明从采集到耕种的转变最早发生在这片区域，可以说安纳托利亚高原③是农业的摇篮。

二、原始农业缓慢曲折的发展进程

从一种生活方式向另一种生活方式转变的速度是缓慢的。例如，玻利维亚的西里奥诺人不怎么关注农耕，在他们看来，狩猎、采集和捕鱼等活动比农耕更加实惠，采集活动可以立即得到回报，而通过农耕活动所获得的成果则需要长时间等待。因此，虽然农耕的收益远远超过了成本，但并没有激励当时的人们积极参与农耕活动。此外的一些研究表明，处于前农耕阶段或者没有进行农耕的社会往往会更加富裕。人们一般认为，植物采

---

① 有研究表明慧星撞击是导致这次气候突变的一个原因。

② 新月沃地又称新月沃土或称肥沃月弯，是指西亚、北非地区两河流域及附近一连串肥沃的土地。

③ 安纳托利亚高原又名土耳其高原，位于亚洲西部小亚细亚半岛，在土耳其境内。

集者的生活应该是饥饿缠身同时又毫无保障的。然而，实际情况恰恰相反，植物采集者通常能够获得可靠而充足的食物，而一些最初的农耕社会的食物来源则非常不稳定，甚至可能比以前的生活更为困难①。

事实上，采集者与农耕者之间最重要的差异在于是否能够保存、储备食物。食物生产经济指的是能够长时间储存大量食物的经济系统，而这对采集者来说在任何情况下都是难以实现的。当大规模的食物储备与高度发达的定居制度相结合时，食物储备就具有了社会性的意义。可以说，食物储备与定居制之间存在一种互为因果的关系，如果没有对食物的保存和储备，高度文明的形成几乎是不可想象的。

在数千年的历史长河里，世界人口增长，人们对粮食的需求日益增加，导致国际贸易网络的产生与扩大，促进了农作物品种之间的交流。在农业文明时期，由于气候条件和地理因素的影响，许多野生植物被驯化并引入栽培种植之中，例如，起源于新大陆的玉米和马铃薯等农作物，现在已经变成了旧大陆各个地区的主要农作物种类。这些外来物种不仅使当地的人们受益，而且还通过各种途径影响其他地区，引发了旧大陆居民的营养水平和人口结构的巨大转变，同时也改变了各个地区的食品生产模式。随后的产业革命又一次加速了欧洲人口的急剧增长，这些新食品的引入为欧洲工业革命前的人口扩张提供了强力支持。

在新大陆，来自旧大陆的粮食和家畜也展现出了相似的影响。随着现代经济全球化进程的加快，农业生产也越来越多地融入国际贸易体系之中，从而导致了农产品进出口结构的改变以及国际分工格局的变化。公元1000年前后，随着南岛人的迁徙，马达加斯加岛和热带非洲地区迎来了几种来自东南亚的种植植物，这些植物对当地的居民和他们的文化造成了不小的冲击。这种影响主要体现在农业生产中。在边远和不适宜进行农业耕作的土地上，引进其他地区的农作物也对农业社区的扩张产生了积极影响，比如，大麦和燕麦的引进导致干燥和寒冷地区出现了农业村落。除非有不寻常的情况出现，一个地区如果在一年内能提供充足的食物供应，那么该地区的居住水平将与其可储存食物的数量紧密相连。由于采集和耕种

---

① 萨林斯．石器时代经济学[M]．张经纬，郑少雄，张帆，译．北京：生活·读书·新知三联书店，2009.

活动，人类可以获得丰富的粮食，但同时又不可避免地需要消耗大量资源来维持生计。采集者与农耕者之间的差异在某些特定领域会更为突出。这些因素使得他们可以从不同的角度来判断是否有必要去采集一些食物，或者是否有能力去获取那些食物。因此，他们对保存和储备食物有着自己独特的看法和做法，例如，采用晒干、熏制和冷冻等多种保存方法。

在食物丰富的季节将食物储存起来，一直保存到食物短缺的季节，人们在一定程度上克服了利比希最低量法则[①]，即在最极端条件下食物储备水平的法则。

食物的生产和储备紧密相连，因此随着食物生产经济的演进，各种容器在考古记录中频繁出现。在古代聚落中，除木、陶、石制容器外，涂抹泥土以加固的粮仓和铺有地面的窖穴等也是典型的存在。当然，除这些遗迹和遗物之外，易于腐烂的皮革、树皮和草制容器很可能在更早的时期被广泛使用。从很早以前开始，陶器就被看作与食物生产者密切相关的发明，但现在许多史前学者认为，两者必然相关的正确性是有限的[②]。陶器的出现与定居制的确立密切相关，即与村落生活的建立紧密相关。西南亚地区是一个很好的例证，根据从该地获取的考古资料，没有陶器的早期食物生产阶段似乎持续了数千年，这与美国人类学家摩尔根在一个世纪前的设想相符。不仅在旧大陆如此，新大陆的核心地带在植物栽培开始的几千年内既没有陶器的发明，也没有陶器的传播。

在陶器较为罕见的阶段，陶器便同食物生产经济一起朝着定居制的方向发展，关系愈加密切。陶器作为日常使用的容器，需求量不断增加，逐渐成为重要的生产物品。这一点是毫无疑问的。随着时间的推移，陶器不仅作为美的表现手段，而且作为仪式和信仰的体现形式变得愈加重要。

陶器之所以显得重要，在于其所具备的多功能性。无论是未经焙烧的黏土制品，还是经过焙烧但制作欠佳的陶制容器，对于希望储存食物的个体而言，都具备一定的实用性。通过使用这种由无机材料制成的容器，不

---

① 植物的生长和发育取决于处在最小量状态的必需的营养成分。

② 竖穴式房屋和由竖穴式房屋组成的村落遗址中有大量的陶器出土，这些都可以作为定居生活开始的证据。在这之前，人们过着游牧生活，而对游牧民来说，陶器不仅容易损坏，而且笨重的陶器只不过是累赘而已。

仅可以防止昆虫和鼠类的侵害，还能够有效地保持液体新鲜。与木制、草制和皮革制品不同，陶器不易受潮，可防止食物迅速腐坏。

值得强调的是陶器的另一个优势，即它扩大了烹饪的范围，使得以前无法食用的食材，如带荚的豆类和籽实类通过使用陶器烹饪后变得可食用。由于陶器的发明，食物资源得到了更广泛的利用。

与陶器类似，把植物性食物磨成粉的工具，如杵、臼、磨棒、磨盘等也大量涌现。与非食物生产群体通常使用的简单工具相比，这些工具不仅功能更为复杂，而且形式更加多样。

在旧石器时代的整个历程中，人类对其生活环境的干扰相对较少，在数百万年的时间里，能源的获取方式和物质的加工技术基本保持不变。然而，食品生产经济的崛起象征着人们开始真正地去支配自然界。在这一过程中，由于科学技术的局限性，人们无法获得足够的原料以满足自身需要，所以必须大量地采集植物、动物或矿物等原材料。在食物生产经济刚刚形成之后，众多新型的加工设备开始被广泛采用。这些工具可以用人工或者机械方式制造出来，并且随着时间的推移而不断发展变化。除此之外，一些以前鲜少被采用的新型加工工具也开始频繁地被制造出来。比如，燧石、黑燧石以及其他精细的石制工具材料被广泛采用，而石核石器和石片石器也在生产中，并在某些情况下对其质量进行了优化。另外，还有一种类似的工艺——敲锤或凿子，用来敲打木块或石头。在某些特定区域，用于切割和敲击的硬质石制工具的使用比例亦逐渐上升。

在水路交通的应用中，帆船逐渐被人们用来最大化地利用风能。当时人们主要以采集和狩猎为生，依靠天然资源获得食物。为了适应交通和土制工具的制造需求，人们设计并制造了车轮。这两个发明让人们能更加高效地使用能源。帆船是人类历史上最重要的交通工具之一。帆船和车轮在公元前 3300 年之前就已经在美索不达米亚地区出现，并在旧大陆的各个地方得到了广泛的应用。随着人类社会的进步和发展，车轮已逐渐成为一种重要工具。但是，在新大陆，用于运输的车轮的重要性并没有得到充分的体现，特别是在新大陆，车轮并没有被广泛用于运输，而是被当作玩具使用。这主要是因为当时人们还没有认识到轮子对交通效率的重要作用。在古代的墨西哥，人们用圆木制作独木舟，而在欧洲的中石器时代，舟船的存在已经为人们所熟知。在农业文明时期，人类主要依靠船来运送农作物种子或其他物资，因此也没有将其用作运输工具，而在食品生产经济的时代背景下，舟船的角色变得比过去更为关键。

尽管我们很难找到史前时代舟船使用的直接证据，但在新石器时代末期，通过观察埃及前王朝时期陶器和岩画上所描绘的艺术主题，我们对舟船的使用情况有了一定的认识。最初，人类用木头做小船，但是后来却发现，木头不耐用而且容易损坏，因此，人们就想出一种办法——制造轮子。尽管陶器上的图案和岩画所描述的内容可能并不完全真实，但我们有足够的理由认为，大型的船只在海洋上航行，可能会将早期的食物生产者的子孙迁移到其他地方。

从旧石器时代晚期至第四纪早期，人们对自然环境变化所产生的影响越来越敏感，甚至在更新世，也有证据显示洞穴和岩窟里有简易石墙的存在。这些建筑被认为是当时人类利用自然力量建造出来的，但它们并不具有任何现代意义上的建筑材料特征。在欧洲旧石器时代晚期，人们甚至看到了用猛犸象的骨头和木材构建的小房子，这与在寒冷地带可以看到的半地穴式住宅非常相似。

随着社会进步和变迁，人们逐渐转向使用更加精细的建筑材料，如混合黏土、土砖和烧结砖等，人们相信这些材料很坚固，而且还能抵抗洪水等自然灾害。这类材料的使用为那些缺少高品质木材和石材的地方提供了快速建造住宅的机会，并且在寒冷或炎热的环境中，这些建材展现出了出色的保温和隔热性能。在过去很长一段时间里，人们一直认为用黏土建造的建筑物比其他材料具有更好的保温性能。利用土壤和石材来构建建筑的传统，是早期食品生产者为人类历史做出的极具影响力的贡献之一。但在欧洲那些森林覆盖的广袤区域，建筑主要还是使用木材，而在热带地区，木质结构建筑依然是主流。在中世纪时期，人们就开始以木质建筑作为居住空间。在这样传统观念的影响下，超过两层的住宅建筑开始迅速涌现，这些房屋通常都有一个高大而坚固的屋顶或由它支撑着的屋架结构，而且具有较强的抗震性能。在当时的建筑环境中，人们更偏向于使用木质框架，并结合了多种建筑技术，例如在土坯墙内设置木柱或在石材基础上建造砖墙等。

随着时间的推移，慢慢涌现出规模庞大且工艺精湛的建筑，这类建筑不仅可以有足够的强度，而且还具有较好的耐久性，因此被广泛使用。奢华的建筑，例如宫殿、城堡、寺庙、广场、体育场、金字塔、墓地等，都在陆续建设中。这些具有强烈地域特征的古代建筑群不仅反映了早期农业文明时期人们的生活水平，而且也体现出当时人们对自然及环境的态度以及他们对自身生存环境的认识。

然而在研究物质经历化学和物理变化的过程中，我们需要深入探讨与食品和饮料发酵有关的各种加工方法。它们不仅成为人们日常生活中不可或缺的生存手段，也成为当时农业发达地区经济文化繁荣兴盛的标志。不过，这些加工方法很可能是古代狩猎和采集民族所使用的技术。从考古材料中我们可以看出，早期人们已利用发酵技术来制造谷物饲料。

种植谷物为将淀粉转变为糖和酒创造了有利的条件。酒精发酵技术是一种将收获季节多余的谷物有效地转化为美味且富含营养的酒的方法。这种发酵方法不仅能生产出高质量的酒而且还能降低粮食消耗。

在旧大陆，似乎没有迹象表明高酒精含量的蒸馏酒和果酒的制作起源早于啤酒。而在新大陆，蒸馏酒和果酒则一直没有被制造。在中美和秘鲁，发酵饮料随处可见。然而在墨西哥以北的美洲，在殖民者到来之前，由于某些原因，发酵饮料实际上并不为当地人所知。

在食物的生产过程中，随着对植物的认识逐渐加深，人们了解到很多具备麻醉和医疗效果的植物。这些植物可以通过刺激大脑中与神经冲动有关的神经末梢而起到镇痛、镇静等药理作用。虽然这类植物被作为药物，但当它们被用于其他用途时，可能会对人们的感知产生影响。

综上所述，在不断的探索与实验中，人们拥有了一定的种植、储存和运输等技术，这才使得种子得以保存及传播，从而在某一时间段内人为的进行栽培。在这些活动发展的过程中，人们对这些植物种子以野生状态进行储存，通过挑选后代、杂交等种植技术对植物不断进行驯化，使得用于观赏的植物慢慢崭露头角，从可食用植物之中分离出来。

第二节 驯化过程中的影响

在人类漫长的历史中，地球表面留下了深刻的痕迹。人类作为环境的干扰者和破坏者的责任，实际上是在开始食物生产活动后才显现出来的。食物生产的兴起可以被看作破坏自然平衡的最初重大事件，对自然环境的污染和破坏也是由此开始的。

一、人口激增

在一个社群中，一旦食物生产经济启动，许多重要的变化就会发生。其中，最显著的或者说最重要的变化可能是人口的急剧增加和人口密度的显著提高。由于植物栽培技术的推广，单位土地生产力和土地容纳能力都得到了提升。因此，尽管动物饲养族群人均土地需求量远高于植物栽培族群，但由于人口的集中化，所需土地依然不算多，所以食物生产者所需的空间比非食物生产族群少得多。

从较小范围来看，采用食物生产经济的社群具有最大限度地提高人口潜力的能力。全球范围内，自食物生产兴起以来，地球容纳了比以前更多的人口。大约 1 万年前，世界人口还不到 1000 万，但如今，地球上的人口已超过 80 亿，食物生产经济的人口学结果便是如此。

如今，我们对动态平衡机制的感知已经不太明显了。这是由于这一机制的作用，那些尚未进入食物生产阶段或未进行食物生产的社会在其人口和环境容纳能力之间保持了适当的平衡。然而，现在全球几乎所有社会都在试图摆脱这种制约。

在更新世时期，尤其是在更新世末期的 5 万年间，平衡状态的水平已经有所提高。尽管这个水平具有相当的弹性，但从未超过由食物规定的人口和族群的极限。这一极限主要取决于可获得的食物数量和获取食物的难易程度。因此，即使是食物采集族群，有时也可能达到惊人的人口密度和复杂且高度发展的物质文化水平。

在近年来提出的许多假说中，有的已经得到充分理解。这些假说认为，以往依靠自然食物资源为生的族群，人口的增加和社会组织的复杂化，对社会生活产生了某种压力。这种压力可能就是促使人们进行食物生产的原因之一。

人类从诞生开始就以一种难以置信的高产程度繁衍。因此，如果不进行人为干预，人口将以每代人增长三倍的速度膨胀。然而，在非农耕社会中并没有出现这种情况，这是因为在非农耕社会中存在一些独特的人口控制方式。有人认为，生育子女保持一定的时间间隔，即防止分娩后马上再孕，是人口控制最普遍的方法。观察狩猎民族的一般情况，当母亲移动时，背着刚学步的孩子去任何地方都是可能的，而同时携带两个以上的幼儿则几乎不可能，照顾两个以上的幼儿也相当困难，因此，在上一个子女的出生和下一个子女的生育之间至少需要三年的间隔。

此外，长期定居的生活方式也导致了死亡率(特别是在老年群体中)的下降。例如，外出打猎和其他漫游活动减少，即便在非旺季也有足够的食物储备。对于牙齿较少的老年人，他们可以选择吃泡利吉(由麦片或其他谷物粉与水或牛奶混合制成的粥)和其他柔软的食品。病人和老人的生存得到了有效的保障，而那些长寿老人的宝贵经验对整个族群的知识积累十分有益。

二、村落形成

食物生产经济带来建筑物的涌现，甚至出现密集的建筑群。在农耕生活的推动下，永久性的村落得以形成。在前食物生产阶段也存在或可称为“村子”的构筑物和住所，这在考古调查和发掘中已有所发现。这种构筑物集中的例证，有不少可以上溯到晚更新世时期。

食物生产阶段的村落和前食物生产阶段的所谓“村子”之间有着根本性的差异，这一点不能忽视。也就是说，前农耕阶段的所谓“村子”绝非普遍的存在，不论其有多少都属于个别现象。但到了全新世初期，食物生产经济确立，村落居住方式便成为主导。这一趋势在公元前 8000 年后在旧大陆显现，而在新大陆则形成于公元前 2000 年之后。

随着居住场所的固定化，族群内部摩擦的增多自然不可避免。正因为如此，定居族群同过去一样仍然会发生族群分裂，这便阻碍了族群的巨大化。当然，食物生产族群的分裂比狩猎采集族群还是要晚得多。在族群分裂之前，需要经过相当长的时间，分裂并不容易发生。这是因为，抑制族群规模扩大的因素大多失去了其制约力。随着食物生产经济的兴起，许多经济上的压力正在减弱。在经济生活的各方面条件下，与狩猎采集经济相反，有效的食物生产经济，尤其是植物栽培经济，通常需要聚落更加集中和长久。

三、生态环境的破坏

在过去的 100 多万年里，全球许多食物采集社群一直过着游牧生活，那时的文化水平可能还没有达到直接影响周围自然环境的程度。当时可能会偶尔发生山火和野火等事件，但对植被的影响相对有限，只是导致某些短期变化。当然，要注意的是，人类的狩猎活动是否导致一些动物灭绝，这是许多史前学家和古生物学家争论的焦点之一。对这个问题的结论迄今尚未确定，可能人类的活动只是加速了由于气候变化和随之而来的环境变化引起的灭绝趋势。此外，人类居住地附近地区发生土壤侵蚀和森林减少等环境恶化的可能性也不能完全排除。

然而，随着食物生产经济的崛起，出现了比以前规模大得多的社群。随着这一趋势的进一步发展，地理上的人口分布范围也相应扩大，为维持这庞大人口的生计，生产活动导致的环境改变和资源枯竭的潜在危险性也随之增加，自然环境出现了最初严重且不可逆转的恶化。在某些地区，由于环境极度恶化，自然环境的生产力明显下降，生态系统多样性减少，导致居住在那里的人类社群试图回归狩猎和采集的生活方式，但这条路已被堵塞——西南亚地区的情况可能正是如此。这使得人们对自然环境的认识开始发生变化，将自然风景逐渐转变为文化风景。

为了耕作而砍伐森林是农耕对环境造成显著破坏的一个例证。然而，在农耕的初始阶段，即便存在这样的伐木行为，对环境的破坏可能并不十分显著，这是因为在农耕阶段初期人口较少，对土地的利用尚不充分，而且在栽培过程中还存在较长的休耕期。

随后，人们甚至开始干预自然的水循环系统。为了灌溉土地而修建人工河道，改变河流的流向。当然，这样的干预可能只是在农耕发展到相当高水平后才开始的，最初仅在极小规模上实施。然而，这些灌溉系统虽然简单，但其最终结果却是规模庞大的。在美索不达米亚地区，秘鲁、中国等地，为了向远离水源的内陆地区供水而修建的引水系统，形成了庞大的网状结构。由于这些对自然的改变，人类最终遭受了自然的严厉回应。由于灌溉，地下水位上升，地表盐分析出。在建有灌溉系统的地区，大片土地受到盐碱化的影响，有时甚至形成了无法恢复的贫瘠之地。

食物生产社会中不断膨胀的人口和不断增加的需求使人们对地球上自然资源的采集更为广泛。石器制作所需的燧石和黑曜石需求激增。在欧洲新石器文化的社群中，有些通过挖掘长隧道或深入地下的竖井来开采石材，培养了开采专业技能。除了石器用途，一般的石头也被作为建筑材料开采出来，用于住宅和纪念性建筑物的建设，而黏土作为陶器制造和建筑原料也被大量开采。

第三节　驯化的产物

从野生到被驯化，很多植物都有着其驯化起源、驯化历史以及伴随的衍生文化。本节通过考古文物及文献记录对人类生存最不可离开的粮食作物及用于观赏的景观植物进行举例说明，阐述植物是如何从野生到被人类驯化的。

一、粮食作物

农业生产的形成和发展在世界各地经历了不同的过程，其基本特点是由几个农业起源中心，通过引种和农耕方法的传播，沿着不同的路线向世界各地扩散，并与各地的自然和社会经济条件相结合，逐步发展成为各具特色的农业生产面貌和农业类型。

中国的农业起源可以分为两条主要的发展脉络：一是沿黄河流域分布、以种植粟和黍为代表的北方旱作农业起源；二是以长江中下游地区为核心、以种植水稻为代表的稻作农业起源。

考古资料显示，中国农业起始自距今1万年左右的耕作行为的出现，完成于距今5000～6000年的农业经济社会的建立。这是一个数千年之久的过渡时期，在此期间，采集狩猎在人类生活中日渐衰落，农业生产的比重日渐增大，最终农业生产取代采集狩猎活动，成为人类社会经济的主体。

专家在东胡林人遗址中通过植物考古浮选方法发现了极少量的炭化粟粒[①]。东胡林人遗址位于北京市西部山区，经碳-14年代测定距今9000～11000年。尽管从遗址中浮选出的炭化粟粒在形态上已经呈现出栽培粟的基本特征，但其尺寸相当小，很有可能属于由狗尾草向栽培粟演变的过渡类型。东胡林人遗址面积有限，其中有墓葬、火塘和灰坑等痕迹，但并未发现房址。出土的遗物包括陶器、石器和骨器，其中的陶器是中国北方地区发现最早的。在出土的大量动物骨骼中未发现已驯化动物的遗骸。通过对这些考古资料的综合分析，可以推断东胡林人遗址的古代居民属于一个小规模的采集狩猎群体，其食物主要来源于采集狩猎。然而，出土的炭化粟粒表明，东胡林人可能已经开始种植粟，并逐渐形成了一种半定居的生活方式。

西北地区一直以来都被认为与中华文明的起源和发展密切相关。考古

---

① 北京大学考古文博学院，北京大学考古学研究中心，北京市文物研究所．北京市门头沟区东胡林史前遗址[J]．考古，2006(7)：3-8.

学家在距今8000年左右的甘肃秦安大地湾遗址中发现了粟的遗存。该遗址地处富含森林资源的秦岭北坡，位于黄土高原南面、渭水上游。优越的地理位置不仅有广茂的森林供人们采集和狩猎各类生物资源，还使其在干旱的黄土高原获得了莠(粟的野生种)等适应当地干旱气候和黄土地质条件的一年生禾本科作物的籽实。这样丰富的条件满足了人们的食物需求，对于莠这一植物的周期性繁殖逐渐推动了粟的栽培。

这里还驯化了其他作物，如蔬菜和水果。从西安半坡的仰韶文化遗址中发现了大量栗子遗存，而现今天水地区仍然分布着大面积的天然野生板栗树林，这表明栗子可能也是由这一地区首先栽培的。

20世纪50年代西安半坡遗址出土的石器包括用于农耕生产的石锄、石铲、石刀和石磨盘等，同时发现了家猪和家犬的动物遗骸。在一件陶罐内还发现了炭化的粟粒[①]。这些考古证据表明，半坡先民从事着农耕生产和家畜饲养。

相对于旱作农业，水稻农业的发展源流相对清晰。在浙江浦江上山遗址[②]，专家通过浮选的方式出土了一些炭化的稻米，而在出土的一些烧土块中也发现了大量炭化的稻壳。此外，在上山文化时期的陶片断面上清晰可见陶土中混入了稻壳(见图1-2)。由此推测，距今1万年前后，水稻已经成为人类生活中不可或缺的植物之一。

总体而言，长江中下游地区陆续出土了相当数量的古代水稻遗存，为我们深入研究中国水稻农业的起源提供了宝贵的考古资料。由于考古发掘无法覆盖全面，往往存在较大的限制性，并且古代遗址的发现也具有一定的偶然性，因此目前我们所获得的古代水稻遗存资料相对有限。尽管如此，这些出土资料已经明确显示中国水稻农业的起源是多元的，或者说是分散的，同时还存在相互交流和传播的现象。中国水稻农业起源的分散和多元性，与中国野生水稻广泛分布的事实，以及原始部族在漫长历史中的迁徙、融合和繁衍，都呈现出密切关联。中国水稻农业的起源和传播在南

---

① 中国科学院考古研究所，陕西省西安半坡博物馆．西安半坡：原始氏族公社聚落遗址[M]．北京：文物出版社，1963.

② JIANG L P, LIU L. New evidence for the origins of sedentism and rice domestication in the Lower Yangzi River, China[J]. Antiquity, 2006, 80(308): 355-361.

图 1-2　浙江浦江上山遗址出土陶片中掺加的稻壳

方地区经历了一个相对漫长的发展过程，不仅推动了两湖平原、太湖及杭州湾地区早期水稻农业的兴起，而且对淮河流域、黄河流域和其他地区也产生了积极的影响。

二、景观植物

在浙江余姚河姆渡遗址中出土了约 7000 年前的陶片，上面刻有盆栽植物的图案，这表明我国的先民不仅了解在田地里种植植物，而且知晓如何在容器中培养植物，这是我国将植物用于观赏的最早证据。

农业的发展推动了手工制造业的发展。早期的陶器较为粗糙，通常采用泥条盘筑法或捏塑法制成，器形简单，质地疏松，大多数为红陶，较少见黑陶，且陶器上鲜有装饰。随着农业的发展，人们对植物产生了一定的审美意识，并将其表现在陶器的装饰上。在河姆渡遗址出土的两件陶制品展示了当时先民对植物的审美认知以及社会对植物的应用。其中之一是鱼藻纹陶盘(见图 1-3)，器物高 16.5 厘米，口径 30 厘米，敞口，深腹，腹外壁两侧有左右对称的半环形小耳，口沿上有一周锥点纹，腹外壁有一组鱼藻纹与一组凤鸟纹，画面简洁而生动，反映了原始先民对美好生活的向往和期望。另一件是五叶纹陶砖(见图1-4)，形似马鞍，造型厚重，阴刻五叶纹似盆栽植物，具有较强的动态感。

图1-3　鱼藻纹陶盘纹饰

图1-4　五叶纹陶砖

新石器时代晚期植物和花卉纹饰大量涌现。在这一时期，黄河流域的仰韶文化、大汶口文化、马家窑文化以及长江流域的屈家岭文化、马家浜文化等都迎来了陶器生产的显著发展。除常见的红陶外，还有灰陶、黑陶和白陶等多种陶器种类。陶器的表面处理和装饰方面，不仅施加了陶衣，还采用了彩画植物纹、动物纹以及人物纹等多样元素。这使得陶器在实用性和艺术性上都有显著提高。在大汶口文化时期，慢轮成型工艺被发明，提高了劳动效率，为轮制成型技术的发展奠定了基础。

由手工成型到慢轮成型的工艺进步，促使我国制陶技术取得了快速发展。在这一时期，有许多彩色植物叶纹在陶器上出现的例子。例如，1977年山西方山采集的勾叶圆点纹彩陶盆(见图1-5)，属于新石器时代仰韶文化的陶器，其泥质为红陶质，敛口折沿圆唇，曲腹，平底。在口沿及腹部部绘有黑彩，腹部黑彩绘出圆点、勾叶、弧边三角形纹样，呈现出简洁而美观的图案。可见，在新石器时代，我国的先民不仅认识并使用花卉，而且已经培养了较为强烈的审美观念，并试图在器物上通过抽象的形式来表现。

图1-5　勾叶圆点纹彩陶盆

大量考古证据表明，原始社会人们就已经会栽培植物，并且还会欣赏利用植物。经过社会经济的发展，从春秋战国、秦汉、魏晋南北朝至往后的历史中，景观植物越来越在中国形成文化并被广泛利用。在此选取桃和牡丹的起源及栽培历史简要讲述。

桃，又称桃树、桃花，在很长一段时间里由于考古资料的不足而被认为是波斯传到中国和欧洲的。不过瑞士植物学家德堪多经过认真考证，在他的《农艺植物考源》一书中指出："中国之有桃树，其时代较希腊、罗马及梵语民族之有桃犹早千年以上"。

进化论创始人达尔文进一步指出："根据桃在更早时期不是从波斯传过来的事实，并且根据它没有道地的梵文名字或希伯来名字，相信它不是原产于亚洲西部，而是来自中国。"

达尔文曾深入研究中国的水蜜桃、蟠桃等，详细探讨了它们的特性，并将其与英国、法国产桃的特性进行了比较。他认为欧洲的桃种都源自中国桃的血缘。

近年，中国的考古学家在浙江河姆渡遗址中发现了六七千年前的野生桃核。在河南郑州二里岗商代前期文化遗址中，也发现大量野生桃核。尤其值得注意的是，河北藁城台西村商代遗址中发现的桃核和桃仁形状完整，经鉴定与今天栽培的桃种完全相同。

桃的用途通常分为果桃和花桃两大类。果桃指用于采摘桃果的桃，而花桃一般指用于观赏花的桃。我国有着超过3000年栽培历史的桃最初是作为果桃栽培的。在长时间的栽培中，人们有目的地进行了选育，逐渐培育出了以观赏为主的花桃。花桃具有花朵较大、花瓣较多、花形优美、花色丰富、花期较长等特点。果桃的花本身也具有良好的观赏价值，尤其是在大面积种植时可形成花海，有些果桃品种的花与专门培育的观赏桃并无明显差异。

观赏桃的培育历史可以追溯到唐代，当时已有重瓣花的千叶桃。

"明皇于禁苑中，初有千叶桃盛开。帝与贵妃日逐宴于树下。帝曰：'不独萱草忘忧，此花亦能销恨。'"(《开元天宝遗事》)

"千叶桃花胜百花，孤荣春晚驻年华。若教避俗秦人见，知向河源旧侣夸。"(《千叶桃花》)

宋代栽培桃的风气盛行，培育了二色桃、合欢二色桃、紫叶桃等观赏品位极高的品种。明清时期，观赏桃的种植和培育得到极大发展，涌现出许多新品种，如瑞仙桃、日月桃、美人桃、鸳鸯桃等。

牡丹在《诗经》中已有记载，作为药用植物被记入汉代的《神农本草经》中，被认为有活血化瘀的功效。

牡丹作为观赏植物的栽培可以追溯到南北朝时期，谢灵运的《谢康乐集》中记载："南朝宋时，永嘉水际竹间多牡丹"。

隋唐时期，牡丹的观赏栽培兴盛，进入宫廷花园。唐代开元中期，牡丹在长安盛行，花色品种不断增加，出现了双头牡丹、重台牡丹和千叶牡丹等独特品种。北宋时，洛阳牡丹盛极一时，享誉天下。李格非《洛阳名园记》记述天王院花园子时写道："洛中花甚多种，而独名牡丹曰'花王'。凡园皆植牡丹，而独名此曰'花园子'，盖无他池亭，独有牡丹数十万本。"

南宋时期，四川天彭培育的牡丹成为蜀中第一，陆游《天彭牡丹谱》中记述了60余种花品。到了明代，安徽亳州牡丹盛极一时，当地望族薛家建常乐园，园中牡丹品种多达260余种。此后，山东曹州(今菏泽市)成为牡丹栽培中心。乾隆年间，学者余鹏年编写了《曹州牡丹谱》。至今，洛阳和菏泽仍然是我国牡丹两大中心产地。

第二章

植物用途

第一节 农业与园艺

园艺即园地栽培，具体指果树、蔬菜、观赏植物的栽培。园艺是农业种植的重要表现之一，其起源可以追溯到农业发展的早期阶段。

古埃及的原始农业在公元前 5000 年左右开始。由于尼罗河定期泛滥，不仅使河流沿岸的土地得到灌溉，而且沉淀下来的淤泥亦为作物生长提供了养料。到了公元前 2000 多年的古王国时期，已经有了牛拉的木犁、碎土的木耙和金属镰刀，役畜有牛和毛驴，农作物有大麦、小麦、亚麻，还种植橄榄、葡萄以及各种蔬菜。

从公元前 14 世纪的埃及墓葬壁画(见图 2－1)不难看出，荷塘被对称排列的金合欢树和棕榈树包围。这也是观赏园艺和景观设计最早的实物证据之一。

图 2-1　埃及内巴蒙墓葬壁画《有水池的花园》局部

古希腊城邦社会是以农业为特征的社会，农业占据至关重要的地位。相较于手工业和商业，农业和土地所有权决定了人们在社会和政治中的地位。古希腊城邦制度的显著特点之一是将土地所有权、公民权以及政治权利紧密结合在一起。只有拥有公民身份的人才有资格拥有土地，这充分彰显了土地和农业在社会生活中的重要性。

受到古希腊城市布局的限制，不论是雅典城的不规则布局（见图 2-2），还是奥林索斯、比雷埃夫斯或卡斯珀等城市的规则式布局，城市中的个体住宅直接连接到街道并一一排列，每寸土地都被充分利用，没有多余的空间可用于建造花园，也正是由于这一限制因素，纯观赏性质的私人花园并没有得到推广。

尽管如此，种植与花园仍是人们所向往的。在古希腊城市外主要种植水果、蔬菜和其他有用的植物，仔细规划的空间内还有遮挡阳光和提供娱乐放松的区域。由于独特的地中海气候，果蔬的种植成为古希腊农业的重要组成部分，在水源充足的地方就会有果园和菜园。为了保证果园和菜园的用水，人们在大型湖泊、河流以及源源不断的泉水附近都修建了灌溉设施。比如荷马的《奥德赛》就这样描述："庭院的另一边是一个四亩的大果园，四周都有树篱。那里生长着高大而繁茂的树木，梨树、石榴树和苹果

图 2－2　雅典卫城内一处遗址

树结满有光泽的果实，甜美的无花果和饱满的橄榄……最远处的一排又是整齐的花坛，各种植物一年到头都在开花，还有两个泉水，一个流过整个花园，另一个则流向相反的方向，在庭院下面靠近城市居民取水处的窗台。”

在公元前 2 世纪征服马其顿并控制整个希腊之后，古罗马人吸收了古希腊人农艺、植物和草药领域新的科学和技术知识。在希腊化的过程中，古罗马乡村的简朴开始被古希腊和东方的园林文化艺术所影响，因为引进了观赏植物和果树，土地的一个或多个部分被开辟为葡萄园、橄榄园。古罗马政治家、演说家马尔库斯·波尔基乌斯·加图在他有关宏观农业的书籍 *De Re Rustica*（《农业志》）中提道：“葡萄园和水花园是农场最获利也是最重要的九大部分之一。”①

近年考古学、文化人类学、植物学等方面的研究发现，在 8000～9000 年前，人类已经开始从事刀耕火种的原始农业，这一活动在伊拉克和巴勒斯坦境内得到了确切的证实。在巴勒斯坦的耶利哥和伊拉克的雅尔莫，新石器时代早期的文化遗址出土了磨制过的石器，如石斧、石镰和石臼。在雅尔莫还发现了野生型、介于野生型和栽培型之间的中间型小麦以

① CATO M P. De Re Rustica[M]. Cambridge：Harvard University Press，1967.

及栽培的六棱大麦遗物。同时，该地区还有小麦和大麦的野生自然群体，因此被广泛认定为小麦和大麦的起源地。

以农业大国中国为例，在4000～5000年前，黄河、长江流域，甚至包括珠江流域的一些地区，氏族部落普遍形成了以原始种植业为主，兼有家畜饲养和采集渔猎的原始农业；有些地区则以畜牧业为主；有的氏族部落还过着以采集渔猎为主的生活。原始种植业的两种不同类型也基本形成，即北方黄河流域为种粟等作物的旱地农业，南方长江流域则为种稻等作物的水田农业。

从对这一时期遗址的考古可以看出，农业生产工具比以前更多，制作技术也更为进步，还出现了长久性住房和大规模定居村落，住房周围窖穴的数量比以前多，容积也增大了，反映出农业水平显著提高。

夏、商、西周时期，黄河流域大部分地区和长江流域一些地区正经历着耕作区日益扩大，把游牧业进一步挤向北部、西北部边缘地区和山区的过程。这个时期，从事农业生产的主要是奴隶。在西周时园圃成为专门种植蔬菜、果树的农用之地。原始农业产生后，蔬菜、果树类作物与谷物长期混种在一起，也是在此时期进行分类种植。在西周时期，农业仍以场圃结合的形式为主，春夏季进行蔬菜种植，而秋冬时节则筑场用于堆积谷物和脱粒。

这一时期，农具制作有了明显的进步，一是用金属(青铜)制作农具；二是出现了中耕除草的农具。青铜农具相比木制农具具有轻巧、锋利、硬度大的特点，对提高劳动效率起了重大作用，而且磨损以后还可回炉再铸。

春秋、战国时期是中国社会发生巨变的阶段，农业生产也迈入了新的历史时期。铁器开始广泛应用，铁犁牛耕逐渐普及，社会生产力也得到了显著提升。耕地被大量开垦，数口之家自给自足的小农经济出现。

“九月筑场圃，十月纳禾稼。”(《诗经・豳风・七月》)

说明春秋时期园圃业已从大田农业中分离出来，成为一个独立的生产部门。后代园圃各有分工，园专种果树，圃专种蔬菜。

秦、两汉至南北朝时期，种植业迅速发展，兴修水利变成当时重要的战略方向。东北辽河流域和西北河西走廊的种植业也得到了较快发展。西南少数民族聚居地区，特别是云南，种植业开始稳定发展。

唐宋时期，我国的园艺业亦得到了迅速发展。专业户的出现是这一时期园艺经营中的一个重大特点，如唐代已有以栽培柑橘为业的“橘籍”，宋代又出现了以种花为职业的花户和接花工。

明清是我国传统农业技术的深入发展与继续提高时期，农作物的结构发生了新的变化。这时水稻已跃居粮食作物的首位，小麦成了北方的主粮，甘薯、玉米等成为举足轻重的粮食作物。秦汉以前盛极一时的黍稷，这时已退居次要地位。通过连作、间作、套作来提高复种指数，是明清农业生产上的重要特点之一。

这一时期耕作制度不断发展。在北方黄河流域，二年三熟制和三年四熟制逐渐形成；而在南方长江流域，出现了多种形式的一年二熟制。在闽江和珠江流域，一年三熟制的耕作制度一直传承至今。

第二节 药植与园艺

人类社会自形成之初就与环境保持着密切的联系，并从环境中获取食物和药品。通过不断的尝试，人类逐渐能够从环境中满足自己的需要。药用植物的知识世代相传并逐渐完善。

人类在自然界中寻找可利用植物的行为，从书面文字、历史古迹，甚至是原始的植物药品中都可以找到大量证据。许多现代常规药物中的有效成分都源自植物，比如阿司匹林(源自柳树皮)、地高辛(源自毛地黄)、奎宁(源自金鸡纳树皮)和吗啡(源自罂粟)。

植物既是人类果腹维持生存的重要食物，也是人们在生存过程中避免病痛、延年益寿的良药。药用植物的历史与植物学的历史并驾前行，没有植物学就没有药用植物，药用植物是植物学发展到一定历史阶段人类智慧的结晶。

一、外国药植发展

1. 史前时代

野生植物，包括许多现在被用于烹饪的植物，从史前时代起就被用作药物，即使不确定药理，但已被部分用于对抗食品腐败，特别是在炎热的气候条件下用于容易腐败的肉类食品中。人类居住区域的周边常常长满了可用作草药的杂草，如荨麻、蒲公英和繁缕。

1991 年在意大利阿尔卑斯山发现的 5000 多年前的木乃伊身上有桦木多孔菌，科学家推测，此人可能将这种真菌当作药物，用来治病。草药的古老起源是毋庸置疑的。

2. 古代

古埃及医典《埃伯斯莎草纸书》(约公元前 1550 年)列出了 800 多种处方，涉及多种药用植物，如蓖麻、睡莲、曼德拉草等。最早的植物园是由埃及祭司的神庙花园形成的，花园中种植了许多药用植物。

古印度《梨俱吠陀》和《妙闻集》等记载了数百种具有药理活性的草药和香料。有充分的迹象表明，在吠陀时代，农业、医学、园艺在很大程度上得到了发展。吠陀文献中有大量用于描述植物的术语，包括植物的外部特征和内部结构。《吠陀经》也提到，古印度人对食物制造、光对植物体内能量转化和储存的作用有一定的了解。

希腊医生迪奥斯科里季斯在公元 77 年写了 *De Materia Medica*(《药物论》，见图 2－3)，记述了大量基本药用植物的信息，一直应用到文艺复兴时期。

古罗马作家、博物学家老普林尼与迪奥斯科里季斯是同代人，他走遍了德国和西班牙，他的书《博物志》中记录了大约 1000 种植物，他在书中还提出：“花园对于罗马人的重要性不仅仅体现在它本身的园艺价值，更源于早期人们对花园原始的崇拜和详细描绘。”

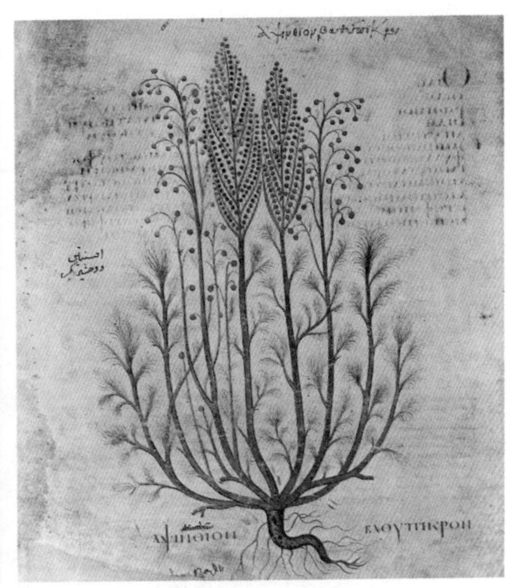

图 2-3　《药物论》中的药用植物

3. 中世纪

中世纪是药用植物与园艺相结合的发展时期，同时也衍生了相适应的园林。在中世纪时期修道院是积累园艺知识和重要草药知识的宝库，比如圣本笃修道院保存、翻译和复制医学经典文本，并维护药草花园。在意大利，庄园和修道院花园是最主要的园林形式。修道院花园是当时比较精致的园林，形制为长方形的回廊式中庭，这个基本形态来源于古罗马。这种花园的位置多在教堂的南侧，以确保有更充足的阳光，利于植物的自然生长。园中种植药草和花卉，同时还置有水井、喷泉等水景装饰。

修道院中的花园分为以下几种。

厨房花园。厨房花园种植烹饪用药草(如莳萝、牛至、欧芹)和各种蔬菜，非常靠近厨房，以便于准备饭菜。家禽和其他动物的圈舍大多设在靠近厨房花园的地方，从围栏中清理出来的粪便将提供现成的有机肥料。

物理花园①。物理花园作为专门种植药草的药园，往往离医务室很近，当需要药草时可以随时采摘并使用(见图 2-4)。药草通常种植在被抬高的架子上，架子之间有通道，每一架只种植一种药草。药园里种植的药

① 物理花园一般作为药理研究的试验床，例如瑞士诺华园区中具有中世纪修道院特色的现代药草园、英国切尔西物理花园等。

草在修道院里需求量很大，它们被用于治疗患病的僧侣，以及在修道院避难的病人。

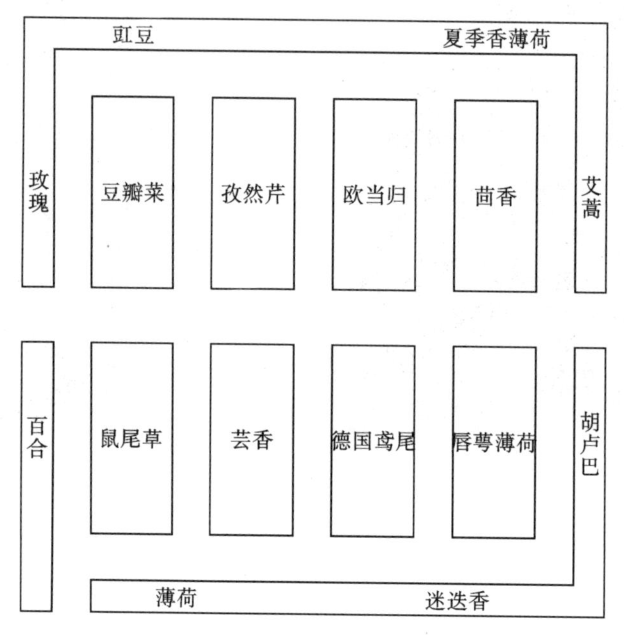

图 2－4　圣加尔修道院物理花园景观规划

医院花园。医院花园为病人提供了一个在新鲜空气中散步的地方，帮助他们从疾病中恢复过来。草皮座椅是一种奇特的药物种植形式，一个凸起的像长凳一样的床，上面种着芳香的药草，如甘菊或百里香，成为一种古老的香薰疗法。

农田花园。修道院通常在院外有农田，用于种植谷物和水果，这些作物需要比修道院围墙内的花园更大的生长空间。

4. 近现代

中世纪末期，游乐花园在富人和贵族住宅中很常见，旨在刺激感官愉悦而不是宗教沉思。这些花园中常种植芳香花卉，包括玫瑰、洋甘菊、紫罗兰、三色堇、桂竹香和康乃馨等，这些花卉也经常出现在中世纪的修道院花园中。

阿维森纳的著作《医典》中的一副插图展示了一位内科医生在花园里与一位女病人交谈，同时仆人在准备药品(见图 2－5)。

15—16 世纪，牲畜、农作物和技术在旧大陆和美洲之间转移，到达美洲的植物包括蒜、姜和姜黄，咖啡、烟草和古柯则向相反的方向运输。18 世纪，瑞典生物学家林奈在《植物种志》(1753 年，见图 2－6)中对植物进行了简要描述和分类。随着植物药用功能更为广泛的传播，人们对于药用植物治愈功能的认知逐渐确立，使得对其需求量增大，种植应用更加广泛。

图 2－5 《医典》插图

药用植物的发展也表现在药用植物园的发展上，文艺复兴时期蓬勃发展的植物园大多是由大学医学院建造的教学花园，其形制沿袭了中世纪那种狭长的长方形植物排列，例如 17 世纪由伦敦药剂师协会创建的伦敦切尔西物理花园，至今仍采用的排列方式便是中世纪风格(见图 2－7)。

CAROLUS LINNÆUS
S.R.M. Sveciæ Archiater.
Med. et Botan. Professor Upsal.
Equ. aur. de Stell. pol.
Hic ille est, cui regna volens Natura reclusit
Quamque ulli dederat plura videnda dedit.

391875
CAROLI LINNÆI
Equitis aur. de Stella polari,
ARCHIATRI REGII, MED. & BOTAN. PROFESS UPSAL.
ACAD. UPSAL. HOLMENS. PETROPOL. BEROL. IMPERIAL.
LONDIN. MONSPEL. TOLOS. FLORENT. SOC.
SPECIES
PLANTARUM,
EXHIBENTES
PLANTAS RITE COGNITAS,
AD
GENERA RELATAS,
CUM
DIFFERENTIIS SPECIFICIS,
NOMINIBUS TRIVIALIBUS,
SYNONYMIS SELECTIS,
LOCIS NATALIBUS,
SECUNDUM
SYSTEMA SEXUALE
DIGESTAS.
TOMUS I.
Editio Secunda, aucta.
HOLMIÆ
IMPENSIS DIRECT. LAURENTII SALVII
1762. VILLE DE LYON
Biblioth. du Palais des Arts

图 2-6　林奈《植物种志》

图 2-7　伦敦切尔西物理花园

文艺复兴时期，意大利掀起了园艺热潮，并且在欧洲各地迅速传播。在新大陆被发现后，许多新的植物被引入，丰富了园艺的品种，玉米、马铃薯、番茄、甘薯、南瓜、菜豆、菠萝、油梨、腰果、长山核桃等园艺作物被广泛引种。这些新植物的引入不仅改变了欧洲人的饮食结构，也为园艺领域带来了全新的挑战和机遇。在此后的发展中，贸易和交通的进一步发展再次刺激了园艺的繁荣。园艺设计师突破中世纪园林的基本形式，将方形和矩形组织成更复杂的图案(见图 2-8)，成为游乐花园的一大特色。在地面上画出方形、矩形或圆形图案，图案中每一部分都种植一种草本植物，定期修剪以保持图案。园艺影响着园林的出现，文艺复兴促使意大利的造园活动兴盛，手法日趋成熟，揭开了欧洲近代风景园林艺术发展的序幕。随着人们审美需求的提高以及对不羁生活的愈发向往，16 世纪末 17 世纪初，人文主义文化逐渐衰退，意大利风景园林设计在经历了“手法主义”的无拘无束、独特新颖的艺术潮流和巴洛克装饰风格的影响之后，逐渐呈现出追新求异、自由奔放、装饰繁复的倾向。

图 2-8　兰特庄园

二、中国药植发展

中医药学传承上千年，是我国人民从古至今与疾病抗争的丰富经验总结。中医用来治疗疾病的主要方式之一是中药，其主要来源是自然界中的植物和动物，我国早在春秋时期就开始进行一些中药的人工栽培。

《诗经》即载有枣、桃、梅的栽培，既供食用，又可入药。

“六月食郁及薁，七月亨葵及菽。八月剥枣，十月获稻。”(《诗经·豳风·七月》)

我国最早的枣树人工种植记载是“八月剥枣”，说明当时人们已经开始有意识地培育枣树。到了汉武帝时期，药材生产逐渐规模化，在长安建立了引种园。张骞出使西域时，引入红蓝花、胡荽、安石榴、胡麻、胡桃、大蒜、苜蓿等具有药用价值的植物，丰富了中草药的品种①。

到了隋代，在太医署下设立了主药、药园师等职务，专门负责药用植物的栽培，可见对中药种植非常重视。当时还涌现了《种植药法》《种神芝》等专著，专门记载中药栽培的方法，可惜这两部著作现已失传。唐代也建立了太医署，设有药园，在“京师置药园一所，择良田三顷，取庶人十六以上、二十以下充药园生。业成，补药园师”(《唐六典》)，这是我国历史上最早出现的药用植物园；同时设立了药园师职务，负责“以时种莳、收采诸药”，“辨其所出州土，每岁贮纳，择其良者而进焉”(《唐六典》)②。

宋元时期，药植种植业已相当发达，实行园圃栽培，精耕细作。在北宋都城开封建设了皇家园林艮岳，其中有专门种植的参、术、杞、菊等药用植物。北宋大文豪苏轼在《小圃五咏》中歌咏了他在小圃中所种五种药植，分别是人参、枸杞、地黄、甘菊和薏苡。

虽然元代存续时间较短，但在这段时间内，中西方的药材贸易十分活跃，许多用于出口的大宗药材几乎都是人工栽培的，例如姜、肉桂、黄

---

① 程惠珍．中药现代化与药用植物栽培[J]．世界科学技术-中医药现代化，1999(1)：28－29.

② 赵月玲．药用植物开发与植物组织培养技术[J]．科学中国人，1997(11)：17－20.

连、大黄等。

王祯在《农书》中详细记载了许多药用植物的栽培技术，包括姜、莲、芡、乌梅、木瓜、山楂、皂荚、红花、紫草、枸杞等，是一部重要的农学著作，这部著作中描述的许多种植技术如今仍在沿用。而《农桑辑要》中更是将药物栽培列为专门的“药草”卷，表明了对药用植物栽培的高度重视。

明代大力发展药材生产，人工栽培药用植物的种类达 200 多种。在一些本草学和农学名著中留下了多种药用植物的栽培法，如王象晋的《群芳谱》(1621 年)、徐光启的《农政全书》(1639 年)等。仅仅是李时珍的《本草纲目》(1578 年)就详细记述了约 180 种药用植物的栽培方法，其中“草部”一章就记述了荆芥、麦冬等 62 种药用植物为人工栽培，是明代为世界各国研究药用植物栽培技术留下的宝贵学习资料。这一时期，药效已经成为药用植物栽培的主要标准，不再拘泥于传统产地，而是更加注重技术的创新。

在清代，药市的兴衰影响了药用植物的栽培。药市兴盛的地点往往意味着当地及其周边地区药用植物栽培技术发达，药品需求也促进了栽培的技术发展和地区间的引种，例如四川绵阳安州区的山茱萸是清代从陕西引种的；四川中江的白芍是清乾隆年间从渠县引种的，渠县白芍又是从浙江杭州引种的。清代的医药学家赵学敏、赵楷兄弟二人在其居所养素园中曾“区地一畦为栽药圃”。赵楷的著作《百草镜》中收录的药物，有相当一部分是其亲手栽种的。赵学敏的著作《本草纲目拾遗》中曾选用其兄《百草镜》中的资料，“草药为类最广。诸家所传亦不一其说，余终未敢深信。《百草镜》中收之最详，兹集间登一二者，以曾种园圃中试验”，这说明在养素园中栽种的多为民间药，其目的乃是试验研究。

其他药学著作例如陈淏子的《花镜》(1688 年)、汪灏的《广群芳谱》(1708 年)、吴其濬的《植物名实图考》(1848 年)中也详细记载了多种药用植物的栽培方法。这些著作为药用植物栽培提供了重要的参考和指导。

园艺与园林在植物运用的概念上有所区别。园艺倾向于在认知植物的基础上，以农业形式驯化植物，是一门涉及蔬菜、水果、花卉、食用菌、观赏树木等植物栽培和繁育的技术，通常具有较为精细的特点。这一领域包括了果树园艺、蔬菜园艺和观赏园艺等专业细分，涵盖了对各类植物的培育、管理等方面的技术。从字面上看，园艺一词由“园”和“艺”两个字组成，分别代表着不同的含义，“园”代表着种植花木蔬菜的区域、地块，而“艺”则代表着种植的技术。从字面意义上来说，“种植”就是“艺”的本义。最初，园艺一词指的是在围篱保护的园囿内进行的植物栽培。现代园艺虽然打破了这种局限，但相较于其他植物种植来说，仍然更注重集约的栽培方式。而园林是在认知植物的基础上结合园艺的植物栽培与审美，形成了不同时期的风格。所谓园林，即选取适当的地域，结合其地域特征，运用工程技术和艺术手段，对当地的景色进行改造或重塑(例如筑山、叠石、理水等)，再加以花草树木的配景，营造出建筑和植物相辅相成的自然环境，以供人们游憩的一种艺术形式。

第三章

利用植物

植物与人类的农业生产和日常生活密切相关，在人类社会中扮演了至关重要的角色，对人类的生存和发展产生了深远的影响。原始人对植物的利用方式多种多样，食用、建造房屋、治疗疾病、制作工用以及制作服装。

农业的出现彻底改变了人类文化及其与环境的关系。种植植物导致了一场重大的文化变革，人们不再因狩猎采集而四处流浪，而是定居在农田附近的城镇和村庄。农业发展良好，人们在城镇定居下来，对各种植物的需求就会增加。曾经在野外生长的植物逐渐被人工种植，作为蔬菜、水果、药物、观赏植物等。与此同时，植物的许多新用途被开发出来(包括新的建筑材料和药品)，人类需要更多种类的粮食作物来维持不断增长的人口。人类与生俱来热爱自然的天性也导致了人们使用植物来进行装饰，传说中的古巴比伦空中花园和错综复杂的古埃及花园都证明了这一点。人们开始用植物为食物添加香气，用香水、香膏来产生令人愉悦的气味。

人们将植物引入生活的各个方面，包括食用(可食景观)、医疗(药用)等多个领域。

第一节 可食景观

一、可食景观的概念

可食景观也称可食地景、可食用景观、蔬菜造景。通常的景观设计是将植物种植在草坪上、花园中，这些景观很美丽，也很吸引人。后来相当多的人，特别是热情的园艺家将关注点转向可食用的景观设计。在美国，一些人在自家的草坪上创造了令人难以置信的菜园景观；在南非，简单的石块或砖块分割就能将一个菜园变成花园；而在法国，更是出现了独特的edible landscape，即可食景观。人们在花园内不仅种植蔬菜、果树、香草和药草等多种植物，还充分发挥其美观性，通过瓜果蔬菜的不同排列组合打造美观又实用的景观。

可食景观这个概念是由美国园林设计师、环保主义者罗伯特·库克在20世纪80年代提出的，是一种把园林设计与农业生产相结合的景观规划理念，指在园林景观设计中运用可食用植物代替观赏性园林植物，并达到一定的景观效果。以水果和坚果树、浆果丛、蔬菜、药草、食用花卉和其他观赏植物组织成美观的设计(见图3-1)。

如今，可食景观是一个应用很广泛的景观设计类型，但在40多年前，它还是一个先进的概念。罗莎琳德·克里西在她的景观设计课上用铅笔在草坪设计图上为食用植物分割出了一片空间。由此，她的课堂项目演变成关于可食景观的第一本书 *The Complete Book of Edible Landscaping*(《可食景观全书》)。此后，可食景观的概念被引入园林设计界。后来克里西提到，在那次课上她把蔬菜和花卉混合在一起，更多的是出于需要，而不是灵感。“我想要一个菜园，但我唯一能得到阳光的地方是前院。所以我做了一个很大的花坛，并加入菜蓟、甜菜、香草和番茄。”

图 3-1　餐厅内的可食景观

二、可食景观的起源及发展

根据古巴比伦和古埃及的文学典籍记载，当时的园林中就出现过将农作物当作装饰品和观赏性植物种植在一起的情况，花园里的鲜花、葡萄架和其他果树组成了可以欣赏的风景。起初，农作物被种植在住宅旁边的土地上，较小的花园开始在靠近房屋的地方出现，也就是今天定义的菜园和果园。关于住宅何时开始拥有种植蔬菜和水果的封闭院子，并没有一个准确的日期。然而，考古证据表明，到了公元前 3000 年，苏美尔人的蔬果园是封闭的，蔬菜是成行种植的，并通过灌溉系统进行浇灌。

可食景观发展至今，种类越来越丰富，可以从多个不同方面进行分类。按种植地点可以将其分为阳台屋顶景观、小型庭院、社区农园、可食公园；按景观特点可以分为农业景观、可食树木花卉景观、可食水田景观、可食菌类景观；按照植物类型可分为粮食农作物类、观赏蔬菜类、观赏果木花卉类、药草类景观。可食景观不仅可以拉动城市的农业经济发展、促进社会的和谐发展、有益城市居民身心健康，还可以改善城市的生态环境发展，丰富和保持城市生态多样性及其平衡状态。

第二节 药用植物

一、欧洲药用植物

欧洲的药植传统构成了其主流医药传统的一部分，药用植物知识通过大众媒体，特别是关于草药的书籍被广泛传播。古埃及人将他们的知识，包括医药知识，记录在用纸莎草制成的纸上；希腊医生迪奥斯科里季斯在他的著作中描述了600多种动植物、矿物原料以及由此制成的1000多种药物，这些都对欧洲药剂学产生了重大影响。

到了中世纪，欧洲一些修道院开始翻译和复制古希腊人和古罗马人的医学文本，意大利的蒙特卡西诺修道院是较早的例子之一（见图3-2）。修道院都有药用植物园用来种植药草，并向年轻一代传授药用植物知识。

图3-2 蒙特卡西诺修道院

1. 芦荟

芦荟因其药用特性和神话意义而被长期使用。在古埃及的绘画作品中出现了一种与芦荟相似的植物(见图3-3)。亚历山大大帝在东征前，先征服了盛产芦荟、没药、麝香等珍贵药材的索科特拉岛，从而确保他的士兵可以取药疗伤。

图3-3 古埃及绘画

2. 洋甘菊

洋甘菊是欧洲重要的药用植物之一，内服用于治疗呼吸系统疾病，外敷用于炎症性皮肤状况。西方医学奠基人希波克拉底就曾将洋甘菊用作退热剂。在历史上，洋甘菊一直是英国、法国和意大利等国重要的药用植物。

3. 贯叶连翘

古希腊时期，贯叶连翘就被用于消炎和促进伤口愈合。中世纪时，欧洲人采集这种植物，然后在橄榄油中浸泡几天，以产生一种红色的油，涂抹于伤口外部。

4. 大蒜

大蒜是古老的药用植物之一。在古希腊和古罗马，人们用大蒜驱赶蝎子、治疗动物咬伤和膀胱感染，以及治疗麻风病和哮喘。在中世纪，人们认为它可以预防瘟疫。1858年，法国微生物学家路易斯·巴斯德首次证明大蒜具有抗菌特性。时至今日，大蒜制剂在现代植物疗法中仍起着重要作用，一些临床证据表明大蒜对高血压、高血脂有疗效。

二、中国药用植物

中国传统医学传承至今，一直在发掘吸收新药物，这些药物来自中国民间以及世界其他地区。《新修本草》是唐代的官方药典，载药800余种，是中国第一部由政府编修的药典。《重修政和经史证类备用本草》是宋代重要的医学著作，载药1746种，每种皆附图形。中国最著名的医学书籍是明代李时珍的《本草纲目》，书中收入1173种植物药、444种动物药和275种矿物质。

银杏是中国特有的珍贵树种，在古代多种植于寺院和宫殿花园中。银杏被认为是东方的神树，古人将银杏的寓意与长寿联系在一起。银杏常出现在中国绘画和诗歌中，在东晋著名画家顾恺之《洛神赋图》中，单银杏树就多达200多株(见图3－4)。

图3－4 《洛神赋图》局部(宋摹)

银杏果有补肾益肺之功效，可以用来治疗肺虚和哮喘、气喘、咳嗽、尿频等，在抑菌、抗敏、改善大脑功能等方面也有功效；银杏叶提取物被证明是非常有效的治疗冠心病、心绞痛的药物。

第三节　园林植物景观

古埃及园林强调规则与对称，多种植果树、蔬菜，兼有观赏性与经济目的。古希腊园林的布局形式也采用规则的几何形，以与建筑相适应。古罗马继承了古希腊园林艺术，发展为庄园。城堡庄园和修道院花园是中世纪园林的主要形式。到了文艺复兴时期，植物园兴起。此后，法国继承和发展了意大利的造园艺术，创造出宏伟华丽的勒诺特尔式园林。受18世纪欧洲浪漫主义思潮影响，英国产生了风景式园林。

一、古埃及园林植物景观

古埃及地处沙漠地带，自然环境十分恶劣，绿地覆盖率非常低。干旱炎热的气候使人们迫切地追求更加舒适的生活环境，因此，园林设计注重庇荫作用。在这样的背景下，古埃及人非常重视树木的培育，将树木视为最基本的造园要素。古埃及的园林布局依据土地规划形式形成规则式布局(见图3-5)，突出实用目的，多围绕方形庭园种植埃及榕、海枣、棕榈等树木，并种植水果和蔬菜，形成果园、蔬菜园等兼具实用性和观赏性的景观。后来古埃及人在庭园中栽培花卉，以蔷薇、睡莲等兼具实用性和观赏性的植物为主，在装饰花束中以曼德拉草、矢车菊等植物最为常见。

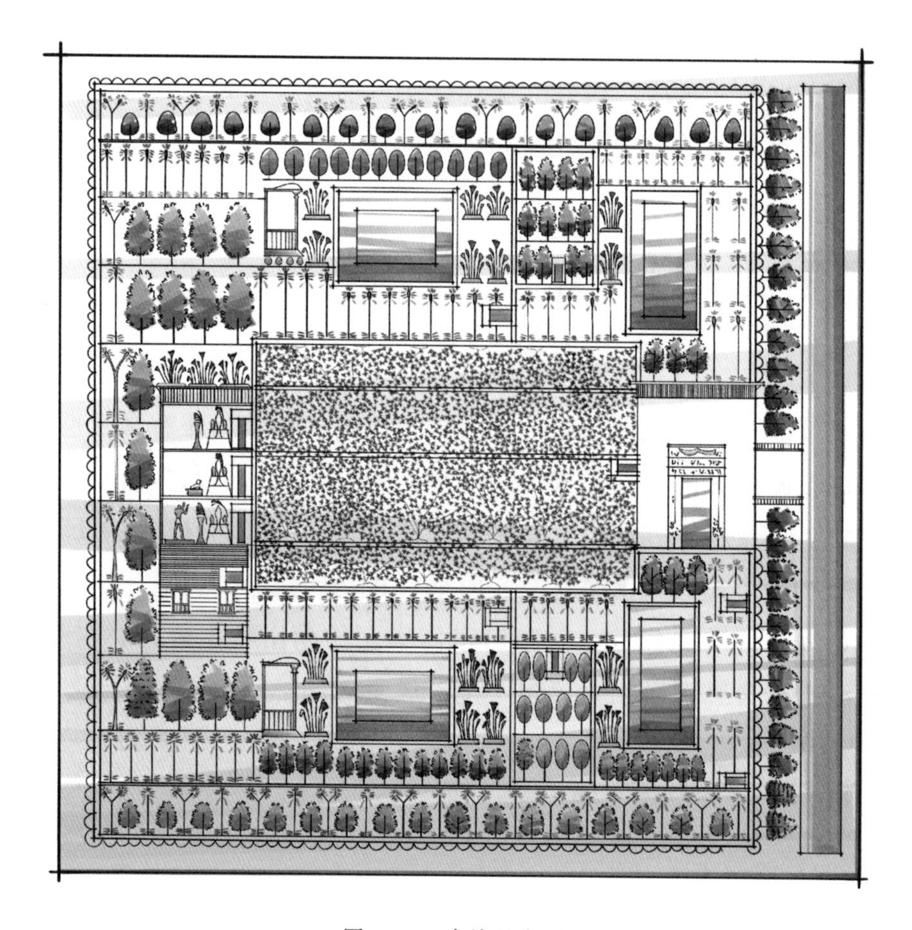

图 3－5　古埃及庭园

二、古希腊、古罗马园林植物景观

1. 古希腊

古希腊作为欧洲文明的摇篮，其文化在欧洲产生了深远影响，园林文化也在其中。在古希腊，数学和哲学对美学的影响极大，反映到园林上就是有秩序、有规律、合乎比例、整体协调，因此园林设计也大都采用规则式布局，并与建筑相协调。

古希腊早期园林主要是宫廷庭园，随后发展出柱廊园形式的宅园。公元前 5 世纪希波战争后，古希腊园林逐渐从实用型转向观赏型。尽管当时花卉种类较少，主要包括蔷薇、百合、紫花地丁、风信子等，但园林设计注重规则和协调，体现了古希腊人对美的追求。

2. 古罗马

古罗马继承了古希腊园林的传统表现，发展为别墅庄园。古罗马早期园林强调实用主义，果园、菜园以及种植香料和调料植物的地区都是如此。随着时间的推移，古罗马园林逐渐强调观赏性、装饰性和娱乐性，并出现了以观赏性植物为主的专类园，如蔷薇园、鸢尾园、牡丹园等。在古罗马，花园被视为建筑的延伸，其布局也强调与建筑类似的规则形式。古罗马人擅长对乔木和灌木进行修剪和造型，将黄杨、柏树等植物修剪成各种几何形状、文字，甚至一些复杂的人物或动物图案，这便是被称为绿色雕塑或植物雕塑的艺术形式。

三、中世纪园林植物景观

中世纪欧洲园林总体上以实用为目的，多种植药用植物、水果、蔬菜和香料植物。随着社会的稳定和经济的发展，园林的设计逐渐倾向于装饰性和娱乐性，出现了迷园和结纹园之类以观赏和游乐为目的的园林。花卉取代了原本的菜地田畦，园林不再一味注重植物的栽植方式，开始转向突出花坛的色彩效果。这一时期，西班牙人发展了伊斯兰风格的园林，称为摩尔式园林，在中世纪盛行一时，对后来的欧洲园林设计产生了一定影响。伊斯兰园林的景观特征非常独特，有封闭的围墙、四分园的结构形式，园林中心通常设置象征生命的喷泉，用结满果实的树木来象征生命之树。

四、文艺复兴时期园林植物景观

文艺复兴初期，对自然美的欣赏使人们开始意识到植物本身的美感。这一时期的植物不再仅仅是造园的材料，而是开始具有艺术价值，这是文艺复兴初期造园的显著特征。对自然美的敏感以及对古典文化的仰慕推动了植物造型的进一步演变，从简单的几何体发展到巴洛克式繁复精致的造型。基于植物修剪造型的发展，人们开始创造绿色围墙、绿色座凳等，以植物柔化建筑的线条，使植物与建筑融为一体。园林中植物的色彩基调也发生了改变，以不同深浅的绿色为主调，在视觉上创造统一而宁静的绿色效果，避免使用色彩鲜艳的花卉，不再追求植物景观的季相变化。

在对植物深入研究的基础上，植物园应运而生，如1545年建成的意大利帕多瓦植物园(见图3-6)，此后，德国莱比锡植物园、波兰莱顿植物园、英国伦敦植物园以及法国巴黎植物园相继建立。植物园的兴起标志着人们开始从园艺的角度关注植物，并致力于引种栽培丰富的植物品种，这一趋势对后来植物景观设计的发展起到了积极的推动作用。

图3-6 帕多瓦植物园鸟瞰图

五、17世纪法国勒诺特尔式园林植物景观

17世纪，法国园林继承和发扬了意大利的造园艺术，利用地势平坦的特点开发了人工草坪、花坛、河渠，形成了独具特色的勒诺特尔式园林景观。这种园林适应了法国的地势、气候、民族风俗和时代特征，是法国本土化的

园林。

沃·勒维孔特城堡是勒诺特尔式园林的杰出代表。其花园布局严谨，以中轴线为对称轴，两侧由内到外依次分布了矩形花坛和茂密的树林，园地开阔宏大(见图3-7)。整个花园宽广而有秩序，各个造园要素被合理有序地布置，刺绣花坛在整个设计中占据重要位置，搭配着喷泉，成为中轴线上的主导元素。花园整体地形平坦宽敞，水景贯穿整个园区，而围绕花园的绿墙则呈现出美观大方的景象。

图3-7 沃·勒维孔特城堡花园

绿色地毯是一种典型的勒诺特尔式植物景观设计手法，修剪整齐的草坪，常呈方形或长方形，通常位于宽阔的林荫路中央的轴线上，作为延长透视线的一种手段，营造出优雅而庄重的效果(见图3-8)。

图 3-8　凡尔赛宫苑中的绿色地毯

六、18 世纪英国风景式园林植物景观

风景式园林植物景观的代表是 18 世纪英国的自然风景园。18 世纪欧洲文学艺术领域兴起浪漫主义运动，在园林设计中也有所体现。受此影响，英国出现了自然风景园，提倡让植物自由生长，反对进行过多的人工修剪，但注重植物布局，如群植、片植和孤植，同时注重植物与地形的关系。风景式园林满足了公众对园林功能的基本需求，更好地适应了园林私有化到公有化的转变。

数万年以来，人们一直在探索植物的价值。在人们驯化植物之后，农业的发展促进了人们对植物的进一步利用，出现了可食景观、药用植物，随着经济和贸易的发展，人们又对植物进行了工业化加工，出现了橡胶制品、香料、染料、天然纤维等。植物的运用渗透进人们生活的方方面面。

在探索植物功能的过程中，人们也不忘发掘植物带来的美感。从最开始以经济作物营造的经济园林为主，发展为人工景观，强调对称美和造型化。随着现代园艺技术的不断发展，园林景观设计不再一味地追求植物的整体观赏功能，人们开始利用有经济价值的水果、蔬菜等进行空间装饰，综合利用，使园林景观更加富有生机，并且利用植物景观代替建筑墙体，通过透视变化、植物引导等设计理念，创造出极具观赏性的人造景观。

中篇：碧落坤灵

在道家文化中，东方第一层天碧霞满空，称为碧落。坤灵是古人对大地灵秀之气的雅称。天地初开，一切皆为混沌，当人们开始赋万物以雅名，万物方得以有灵，日月星云，山河湖海，自命名开始，世界便有了想象。万物之灵激发了人类的想象和创作。在漫长的史前时光里，人类只能通过口耳相传的方式来讲述神仙、英雄以及祖先的传奇事迹。这些传说中的故事体现了人类对宇宙、生命和自然的追求与思考，同时也抒发了人类与生俱来的爱的欢愉、生的渴望、死的恐惧等情感。它们涉及宇宙的运转，包括日月的轨迹、季节的轮回，以及大地上草木的生长、林中群兽的活动，甚至尘世中的生老病死。尽管神话并非现实生活的科学反映，且往往被认为是混沌的、莫名其妙的，但不可否认的是，无论是《山海经》还是《圣经》，这些古老的典籍所记载的神话、传说和故事是历史学、考古学以及民族学等方面研究的宝贵材料。景观与神话一样，都是在人类认识、探索和改造自然中结合自己的想象力而产生的。事实上，景观园林中总有一些意境的表达、符号的出现等是受神话传说影响的，而神话传说则又通过景观园林这一物质载体得以延续，世界各地的景观园林往往都在追求对其神话体系中仙境、乐园的再现，尤其是早期的古典园林。因此，在这些神话中我们或许能够挖掘其中所记载的与造园有关的内容，从而在解答景观园林之精神源头问题的同时，为景观行业的研究人员提供参考资料或创作题材。

第四章

景观园林中神话传说的初探

第一节 景观园林的精神活动起源

景观园林是在多元因素合力影响下开源的，其发轫于农业文明的发展，并在实用功利向审美观赏转变的村野绿化、原始畋猎向阶级游戏转变的苑囿驰猎、通天祭祀向筑高观景转变的游娱自然中发展，这些都是景观园林形成并发展的物质文化要素。事实上，园林的萌芽和发展，除了受人类在社会发展进程中不断增长的物质文化需求的影响以外，造成多种体系、多种风格的园林文化和形式的原因主要还在于不同地区、不同时期人们在精神活动方面追求的差异。在精神活动上，园林的萌芽源自先民的原始崇拜及由此产生的神话传说。神话作为对自然现象或早期人类生活现象的一种解释和描述，是先民的世界观，反映了与周围环境的真实关系。这种文化现象在远古或古代社会中产生，贯穿了整个人类文明，当然也在人类创造的园林空间形态中留下了痕迹。

一、中国园林的精神活动萌芽

中国文明是在与地中海文明的发祥地之一克里特岛大致相仿纬度的大平原上形成的。这片广袤的大平原三面陆地，一面临海，从空中俯瞰中国大地，地势自西向东，像阶梯一样逐渐下降，为中国文明的孕育提供了较大的回旋余地。正是由于这一地理区域范围大、地势广，地形地貌十分复杂，导致气温和降水的组合多种多样，形成了丰富的气候类型，从而使得世界上绝大多数的农作物和动植物都能在这里找到栖身之地，环境优渥，适宜生长，中国的生态资源非常丰富。

总的来说，由于地理、气候等条件较为优越，所以较早地形成了农业社会，其文明发展也较早、较快。尽管中国的气候在许多方面为农业生产和文明发展提供了有利条件，但也有不利之处。灾害性天气的频繁发生，严重影响了生产建设和人民生活。例如平均每年都会发生一次的旱涝灾害，北方多以旱灾为主，南方则常有旱涝交替。夏秋季节，中国东南沿海常受到热带风暴①的影响，而在秋冬季节，来自蒙古、西伯利亚的冷空气南下，带来严寒、大风、沙暴和霜冻等灾害。在科学尚未启蒙的时代，先民基于淳朴的思维与视角去观察世界，观察人生，观察生产劳动过程中的种种自然现象，并以简单的眼光审视问题，提出问题，给出思考和回答。由此，通过早期人类的简单幻想，以一种不自觉的艺术方式对自然和社会进行加工，便产生了用以解释和描述古人精神世界的神话，并以口述的方式流传，这些神话凝结了他们与自然的斗争和对理想的追求。

三皇五帝时代是中国神话的萌芽阶段。根据考古学研究，先民所崇拜的神仙是没有具体姓名的，是自然万物，比如风神、雨神、雷神、火神和水神等，祭祀的对象是部落先祖和图腾。

夏朝至秦朝是中国神话的发展阶段。这一时期的神话体系大多在商周时期形成，并且开始出现神职，比如神以帝为首，帝统御诸神，黄帝、蚩尤、炎帝等以历史人物为背景的神话故事诞生，女娲、西王母、伏羲等神

---

① 热带风暴发展到特别强烈时称为台风。

灵也是这一时期开始提及的。

秦汉时期是中国神话的黄金时期，中国园林的精神种子也自此萌发。大一统的秦汉两朝对华夏各地的神话传说以及各路神仙开始有了规范，女娲、伏羲、盘古等创世神相继出现并神化。尽管女娲在《山海经》已经出现，但直到汉朝才将女娲塑造成人类始祖和生育女神。伏羲在战国时期已经出现，最早在《庄子》中被提及，到汉武帝时期，成为华夏人文始祖。盘古作为大家所熟知的开天辟地的创世神，其实直到东汉末年的三国时期才有文字记载并出现在神话体系中。

中国神话大多以零星片段的形式散落在不同的典籍当中，神话中可能会出现真实的自然要素，而真实的山、水、石、木等景观元素也与神话体系交相呼应，不同的神话映射了当时的社会变迁及其历史意义。正如前文所述，中国古典园林的起源和多个方面的因素有关，例如种植、狩猎、圈养、祭祀等物质生产或文化活动，以囿、圃、台等具体形式开源。中国园林的精神活动起源于天人合一、君子比德以及神仙思想，这些思想体现于园林的布局、构建等方面。

秦汉时期出现的皇家园林分为宫和苑，对后世的影响极大。汉武帝时期，皇家造园活动兴盛，开创了园中园、园林用水和城市供水相结合、一池三山等手法，其中一池三山成为后世皇家园林的主要模式，在清代的园林中也经常能见到。一池三山来源于神仙思想，汉武帝追求长生无果后，就命人在长安北面挖了一个太液池，并在池中堆起了三座假山，分别以蓬莱、瀛洲以及方丈三座仙山命名，祈求长生。事实上，无论是三皇五帝时代的自然崇拜，还是化万物的女娲、顺阴阳的伏羲、开天地的盘古，都表现了华夏先民由于依赖农业而形成的一种对土地的敬畏。神话中，这些神的肉体成为土地、血液变成河流，神创造人的同时也创造了万物，人类社会的繁荣与幸福被归功于对自然力量的成功适应，也就形成了天人合一等中国哲学思想核心和中国园林造园理念。

二、欧洲园林及伊斯兰园林的精神活动萌芽

在许多古老民族的神话传说以及主要的宗教典籍中，普遍存在关于伊

甸园、天园的描写。这些描述体现了人们对于理想居住环境的憧憬和向往，也从侧面反映了先民对园林的独特理解和认知。

伊甸园是《圣经》中描绘的乐园。上帝创造了亚当和夏娃，并在东方造了一座乐园来安置他们。伊甸园中流水潺潺，遍布奇花异树，呈现出一幅十分迷人的画面。有河从伊甸流出，滋润着伊甸园，并从那里分为四条河流，分别是比逊河、基训河、底格里斯河、幼发拉底河。

《古兰经》中有许多关于天园的描写。天园优美怡静，园内树荫漫漫、流水泛泛，四条小河交汇其中：质纯不腐的水河、味美不变的乳河、香醇甜美的酒河、澄澈见底的蜜河。四条河以喷泉为中心，形成十字相交的布局，成为后来伊斯兰园林的基本样式。

世界各地的民俗中有许多对树木的崇拜，人们相信树神能够行云降雨或使阳光普照，护佑丰收。凯尔特人的德鲁伊祭司礼拜橡树之神，将橡树奉为圣木，寄生在橡树上的槲寄生也因无须种植于土壤中而能生长茂盛被认为是从天上降临的神圣植物，尤其是在冬季，当橡树开始落叶而槲寄生依然展示着生命力时，这一观点更加得到确认。希腊人和意大利人都把橡树同他们最高的神宙斯或朱庇特联系在一起。立陶宛人用橡树祭祀雷电之神柏库那斯，祈求庄稼秀实。德国和法国的农民在收获时节会用玉蜀黍(玉米)的穗子装点树枝，象征草木之神。蒙达里部落的每个村庄都拥有自己的圣林，被视为树神的领域，专司庄稼的生长和丰收。还有很多地方，人们认为树神可以保佑六畜兴旺、妇人多子[①]。也许，这种对树木的崇拜，在某种程度上使人们创造出圣林，这也是园林植物景观最早的一种形式。

第二节 神话演变与景观园林精神活动的发展

原始社会生产力水平低下，人类科学思维和社会意识欠缺，生活中充满了残酷的竞争和挑战。先民在征服自然、改造自然以满足发展需要的过程中，借助想象力满足美好向往的思维意识也促进了神话的产生。这种对

① 弗雷泽．金枝[M]．汪培其，徐育新，张泽石，译．北京：商务印书馆，2013.

自然环境本能的挑战，经过历朝历代的不断更迭，神话内容也随之演变，进而影响了人类对理想景观结构的偏好。

一、中国神话演变对中国园林的影响

探寻中国园林的精神活动萌芽可知，无论是女娲补天、盘古化作万物，还是羲和、嫦羲化身日月，风火雷电、日月星辰、山川湖海、草木虫鱼等这些不具备思维意识的事物，在简单思维的支配下，被先民赋予了人格和神力，而这一思维方式主要是基于万物有灵的原始观念。从原始社会、奴隶社会到封建社会，这段漫长的历史时期跨越了多种社会制度，开启了多种文化的起承转合，也相应呈现出从神到人、从天堂到人间的纵向发展和人神交织的轨迹与态势，关于理想景观模式的神话得以产生和流传。

山岳观正是万物有灵和上天崇拜等原始崇拜的典型代表。我国是一个多山的国家，不同时代人们对于生存环境中的山岳都会有感有知。原始社会，人们主要生活在低矮的山丘和山脚下的河谷地区。这些地区为人们提供了方便挖掘洞窟的居住环境，同时也为狩猎和采集提供了适宜的生活环境，人们对赖以生存的山林环境产生了深厚的情感和虔敬的崇拜，这也孕育出最初的山岳观。

对于生产力条件和认识水平较低的原始先民来说，高峻的山岳、茂密的山林以及其中生活的各种形态的生物具有无法接近的神秘性。这些山岳常被视为具有神力或为神灵居所，又或是通向上天的通路，因而受到崇拜。此外，由于山峰的奇特形状和山中独特的物产等自然条件，激发了人们对于山岳的神奇想象，幻想山岳是某种神灵的化身，或者是某种神灵在守护和管理着山中的奇珍异宝，甚至认为山岳可代表国家兴亡，例如在《国语·周语上·内史过论神》中，夏商周三朝之兴分别因神人祝融、神兽梼杌、神鸟鸑鷟显像于山，预示福佑。总体而言，是山岳本身奇特的自然条件吸引着古人对山岳产生崇拜，进而祭祀山岳。

实际上，山岳崇拜是世界各民族共有的文化现象。随着社会生产力不断发展，人们逐步进入平原地区，但山岳崇拜以及由此产生的各种神话和神话思维，依然促使人们不遗余力地采用各种可能的方式来构建模拟山岳的建筑，并将其视为代表某种超越常人的权力和力量的标志。其中一些建筑形态是典型的宗教或神话传说的产物，比如埃及与墨西哥的金字塔、中国古代的高台。同时，也有对自然现象的模拟，创造出一些类似于山岳形象或特征的想象世界，以此来表达人们对于自然界和人类社会的某些看法和观点。在这种思想观念的驱使下，这些建筑模仿了山脉的形态，被认为是神灵的居所，并因此受到了神圣化和崇敬。

著名建筑学家梁思成先生在其著作《中国建筑史》中提道："文王于营国、筑室之余，且与民共台池鸟兽之乐，作灵囿，内有灵台、灵沼，为中国史传中最古之公园。"就中国园林而言，商周时期出现的台、囿、沼一般被视为中国古典园林的三个源头，它们是中国园林设计的雏形。灵即"灵巫，以玉事神"，本意为神，先民敬天畏神，那时凡是称为"灵"的事物均有神明之类的意味，并无例外。这也就说明，中国园林的最初形制从神话中汲取了大量营养，神话的演变对于中国园林精神内涵的发展起到了重要的推动作用。

先秦时代的帝王筑台成风，夏启的钧台，夏桀的瑶台，殷纣的鹿台、苑台等，这些台无一例外地被赋予了神性。

"经始灵台，经之营之①。庶民攻之，不日成之②。经始勿亟，庶民子来③。王在灵囿，麀鹿攸伏④。麀鹿濯濯，白鸟翯翯⑤。王在灵沼，於牣鱼跃⑥。虡业维枞，贲鼓维镛⑦。於论鼓钟，於乐辟廱⑧。於论鼓钟，於乐辟廱。鼍鼓逢逢，蒙瞍奏公⑨。"(《诗经・大雅・灵台》)

---

① 经始：开始规划营建。

② 攻：建造。

③ 亟：同"急"。子来：像儿子似的一起赶来。

④ 麀鹿：母鹿。

⑤ 濯濯：肥壮貌。翯翯：洁白貌。

⑥ 於：叹美声。牣：满。

⑦ 虡：悬钟的木架。业：装在虡上的横板。枞：崇牙，即虡上的载钉，用以悬钟。贲：大鼓。

⑧ 论：通"伦"，有次序。辟廱：辟雍，本为西周天子所设大学，四周环水。

⑨ 鼍：扬子鳄。逢逢：鼓声。蒙瞍：盲人，当时乐官乐工常由盲人担任。公：读为"颂"，歌；或通"功"，奏功，成功。

西周初期，周文王在都城附近因地制宜兴建了包括山岳、水体和动植物等不同景观的园囿，达到了囿、台、沼的完美结合。上文所引的就是《诗经》中描写周文王建成灵台和游赏奏乐的诗。用“灵”字称台，乃周文王受命于天的思想的反映。而台作为在山岳观影响下形成的中国古老的园林建筑形式之一，其原始功能是登高以观天象、通神明，是一种具有祭祀、天文、军事等作用的多功能建筑物。这种建筑的形状和体量都是在模仿山岳，寓意着神授的权力。其外观由直线和斜线相结合，形成孤高巍峨之感，呈现出强烈的体积感和力量感，被视为一种具有“团块美”的设计。同时这样的高台也具有观景台的功能，是中国园林早期设计中主要的构筑物之一(见图 4-1)。

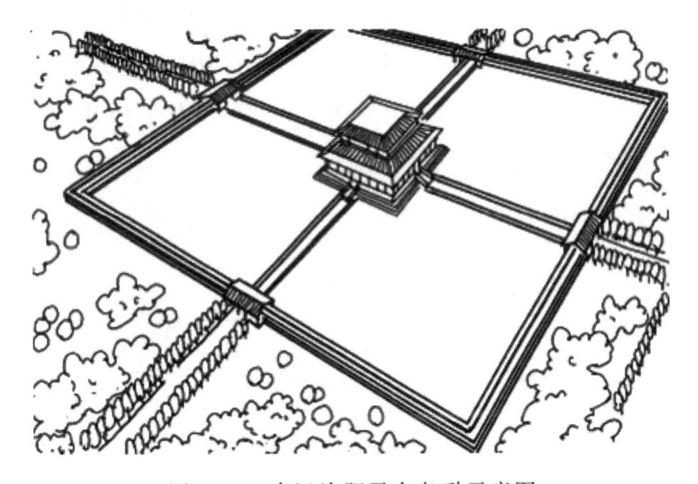

图 4-1　东汉洛阳灵台鸟瞰示意图

随着神话、文化的发展变化，大体量的台在秦汉以后日渐式微，并逐渐发展成目前遗留的中国古典园林中使用较多的台，即建筑在厅堂之前，高与厅堂台基相平或略低，宽与厅堂相同或减去两梢间之宽，这些台乃是供纳凉赏月之用，一般称作月台或露台。

“神池灵沼，往往而在”。(《西都赋》)

“周文王作灵台及为池沼”。(《新序》)

灵沼与灵台一样具有神性。取土而成灵沼，堆高而成灵台，高处的灵台和低处的灵沼象征着古人心目中的神山和神水。这种人工山体与水体的结合，实际上是对昆仑之丘“其下有弱水之渊环之”的模仿。这显示出灵台和灵池相结合的景观形式在古人的观念中长期以来都具有神性，受到崇拜。这一传统一直延续至汉代，成为古代园林中广泛采用的元素，后来逐渐演变为园林设计中山与水共同构成园林骨架的形式。

“囿，苑有垣也。”(《说文》)

“宫有苑囿台沼之饰，禽兽之乐。所谓囿，皆养禽兽以供玩游也。此诗灵囿与台沼并言，其为玩游之囿无疑。”(《毛传》)

“若夫囿沼之设，以习武事，以供祭祀、丧纪、宾客，各有所为，初不为游观设也。”(《诗经世本古义》)

灵台和灵沼是位于灵囿之中的(见图4-2)。事实上，周文王耗费人力修筑灵台、灵沼、灵囿，并非出于享乐之目的，而是祭祀之用。在殷商时期，占卜备受重视，而周人若要取代商王朝，就需要有一个正当的理由。因此，周文王兴建灵台，旨在表明自己得到上天的委任，为建立正统的西周王朝提供了一个正当的理由。因此，灵囿的功能主要是用来祭祀神灵，同时也具有招贤纳士的寓意。除此之外，囿还是为王公贵族提供生活资料和狩猎娱乐的场所，囿内除了有天然的植被以外，还常常种植奇花香草、珍木异果，也有一些简单的建筑物，方便帝王在打猎的间隙观赏和居住。

图4-2 灵囿示意图

总体来说，灵囿是承天命、尊神意，由百姓自觉自愿修建的一座林木茂密、水源丰富、禽兽众多的皇家植物园兼动物园，山水、花木、建筑集于一园，已经具备了后世中国园林的基本功能和格局。

二、西方神话演变对西方园林的影响

西方古典园林的空间构造，主要受伊甸园神话的影响，同时也表现出人类对理想乐园的渴望。

西方古典建筑的设计风格展现出丰富的多样性。古希腊早期建筑深受神话的影响，随着人类思想观念的发展和艺术的进步，神话逐渐被赋予了宗教的象征意义，古罗马、拜占庭的建筑风格都受到了宗教的深刻影响。古希腊的帕特农神庙、伊瑞克提翁神庙和古罗马的万神庙，它们的建造都与神话有关。意大利比萨大教堂、米兰大教堂的建筑平面呈现出十字形，表达了对耶稣的崇敬，德国科隆大教堂高耸入云的尖顶也表达了对“天堂乐土”的深切向往。

在西方园林中，神话故事常以小品形式呈现。例如，凡尔赛宫的丘比特雕像，代表希腊爱神；阿波罗雕像由四匹马拉着，展现的是太阳神在黎明时分乘坐金光闪耀的座驾从海面升起划过天际的景象；拉托纳喷泉的灵感来自奥维德《变形记》，刻画了阿波罗和拉托纳的故事。再如，意大利特雷维喷泉(见图4-3)，即著名的罗马许愿池，池中有一个巨大的海神波塞冬雕像，波塞冬驾着马车，四周环绕着西方神话中的诸神。法尔奈斯庄

图4-3　特雷维喷泉

园、埃斯特庄园和兰特庄园并称文艺复兴三大园，园中的众多雕像源自古希腊、古罗马神话。

植物种植方面，注重人工修剪是西方古典园林的特色之一，常采用花格式矮篱来美化空间。同时，西方古典园林中的许多植物都有各自的神话故事。例如，松树在希腊神话中被视为地神的宠爱之树，象征连接天地的纽带；石榴代表着婚姻，寓意多产和生命；桃金娘被视为爱情之树，常用来装饰寺庙和神殿；柏树象征着哀悼，常栽植于墓地。

第五章

理想天堂

在西方文化中，伊甸园既是乐园的代名词，也是美好家园的代名词；伊斯兰教《古兰经》中所描写的天园河水流淌、树木葱茏、果实丰饶；西方极乐世界是佛教的理想世界，中国南朝文人沈约曾在《弥陀佛铭》中描述过那里有各种玲珑宝树摇曳风中，人类与各种珍禽异兽和谐共处，各种奇花异木芬芳吐艳。宗教所描述的园林只是虚幻的理想，苑囿则是后世园林的现实雏形，但还不是真正意义上的园林。苑囿最初主要作为提供生产资料、狩猎、祭祀的场所，在后续发展的过程中，这些功能逐渐弱化，转为凸显居住环境的功能。也就是说，不论是东方园林还是西方园林，都是理想居住方式的具象化，在不同阶段的发展中逐渐偏离了其居住的本质，异化为一种文化符号，即园林。

可以说，园林景观是人们心中理想天堂的投射，在大地上建造园林就是在大地上实现人们心中的理想环境。由于栖居地的自然环境、政治、经济、文化等各具特点，世界各民族具有不同的关于理想栖居地的神话传说，由此产生了各种园林类型。

第一节 中国园林的理想模式

无论是周文王之灵囿灵台、秦始皇之阿房行宫，还是汉武帝之上林宫苑，神话传说自始至终在中国园林的建造中产生着重要的影响，占据着不可取代的地位。魏晋时期，玄学盛行，神仙教义逐渐变得哲学化，上层知识分子也渐渐吸收了这种神仙哲学，之后的中国文人的价值观都受到影响，与此同时，中国的文人园林开始出现。为了追求心目中的理想天堂，当时的文人雅士写诗作画、建造园林，于是山水诗画以及山水园林正式登上了中国历史文化的舞台，而这一批知识分子也是中国历史上第一批真正意义上的造园家。随着文人和工匠造园活动的开展，神仙思想在园林中的各个方面得以体现，中国传统园林的设计手法和空间构成都有着神话传说的影子。

可以说中国园林思想从最开始的自然崇拜，发展到方士宣传的长生不老的神仙思想，后来吸收包括儒、释、道等各家思想，以及在民间广泛传播的各种思想，逐渐形成了一个包罗万象、极其繁复的文化体系。中国人总是以天人合一的精神孜孜不倦地追求向往，极尽努力去实现人与天的融合。皇家可围山水成苑囿，富户可购地掘池垒石为庭园，平民百姓亦能从一石一木中寻求园林趣味。于是，即便一花也成天堂，一草也成世界；于是，园林不论大小，神韵气象无分高低，一山、一水、一花、一木无不讲究，就有了“虽由人作，宛自天开”的艺术境界和“一勺代水，一拳代山”的表现手法。中国幅员辽阔，古代神话因而具有零散、繁杂的特点。随着历史的发展、宗教的影响和神话自身的发展，不同地区、不同时代的园林受神话的影响也大不相同，却又有其相通之处，从而形成了昆仑模式、蓬莱模式、壶天模式等众多典型的中国园林的理想模式。

一、昆仑模式及其理想结构

古人受到生产力水平的限制，对自然界的许多事物都无法做出科学解释，怀有极大的敬畏心理，这就导致了他们对自然的崇拜。自然崇拜有许多类型，而山岳崇拜是其中最基本、最普遍的几种之一。山岳崇拜的心理表现例如“高山仰止，景行行止”(《诗经·小雅·车辖》)。同时，水在人类生存中也扮演着至关重要的角色。水泽在古人心目中往往代表着祖先神，古人对水及水神的崇拜与山岳崇拜相似。而具有神性的水与神性的山通常也会联系在一起，其中重要的代表就是昆仑山。昆仑山在上古神话和道教传说中被描绘成一个可望而不可即的神山仙境。经过千百年的加工和提炼，昆仑山最终成为一个能满足人的一切愿望，甚至可以使人长生不死的理想境域。

“海内，昆仑之虚在西北，帝之下都。昆仑之虚，方八百里，高万仞。上有木禾，长五寻，大五围。面有九井，以玉为槛。面有九门，门有开明兽守之。百神之所在，在八隅之岩。赤水之际，非仁羿莫能上冈之岩。”(《山海经·海内西经》)

“有大山，名曰昆仑之丘。”“其下有弱水之渊环之。”(《山海经·大荒西经》)

“昆仑之丘，或上倍之，是谓凉风之山，登之而不死；或上倍之，是谓悬圃，登之乃灵，能使风雨；或上倍之，乃维上天，登之乃神，是谓太帝之居。”(《淮南子·地形训》)

“河出昆仑。昆仑其高二千五百余里，日月所相避隐为光明也。”(《史记》)

在昆仑神话中，昆仑山是神仙的居所，水山环绕，层层叠叠，山的外围还有大量动植物。从整体景观特征来看，昆仑山如同一座孤岛，“高山”“环水”乃这一理想景观的两大特征。以前文提到的中国园林的雏形灵囿为例，其肇端即灵台与灵沼的组合，以山体和水体的配置为骨架。这种山与水结合的园林模式所具有的神性，是古人心目中对仙境的一种想象，而山与水是理想仙境中最重要的组成部分，因此长久地存在于先民的观念中，并在中国传统文化中抽象为一个以一池一山、山水相依、互相环绕为主要特征的理想景观基本结构。

在佛教传入中国之前，在国人心中占据重要地位的是神仙思想。帝王们享受至高权力，对长生不老、神仙境界的追求也变得更加强烈，而汉武帝正是典型代表。

“西望昆仑之轧惚洸忽兮①，直径驰乎三危②。排阊阖而入帝宫兮③，载玉女而与之归④。登阆风而遥集兮⑤，亢乌腾而一止⑥。低回阴山翔以纡曲兮⑦，吾乃今目睹西王母。皓然白首，戴胜而穴处兮⑧，亦幸有三足乌为之使⑨。必长生若此而不死兮，虽济万世不足以喜⑩。”(《大人赋》)

从上述引文中可以看出，汉武帝对成仙的具体愿望以及对昆仑神话仙境的强烈向往。他不仅在任用方士求仙和服用长生不老药上表现出对神仙境界的追求，在宫殿园林建造上也有体现。他以昆仑神话景观模式中的一池一山为基础，结合后文将提到的蓬莱模式的影响，在皇家园林的景观中运用了山水结构。

实际上，在中国古代，众多的园林设计都是基于水的，不仅充分利用天然的水资源，还在园林内部开凿湖泊、池塘等人造水景。在先汉园林的设计中，我们可以看到在水景中构建岛屿、在岛上搭建平台，从而创造出水环岛、岛出水的模仿山水相依的人工景观。到隋唐时期，皇家苑囿和私家花园大量开凿人工湖池。一池一山的园林设计实际上是对昆仑神话中昆仑山被弱水环绕的自然景观的模拟。直到现在，在众多的中国古典园林设计中，我们仍然可以观察到昆仑模式所带来的影响。例如，北京的颐和园

---

① 轧惚洸忽：不分明的样子。
② 三危：仙山名。
③ 阊阖：天门。
④ 玉女：神女。
⑤ 阆风：神山，传说在昆仑之巅。
⑥ 亢：高。腾：飞腾。
⑦ 低回：徘徊。阴山：传说在昆仑山西。
⑧ 皓然：白的样子。胜：玉胜，一种首饰。
⑨ 三足乌：传说是为西王母取食的鸟。
⑩ 济：渡。

（见图5－1）和无锡的寄畅园，它们都依山而建，并通过开凿池塘来引入山泉水。古人相信，山水相依之处是建造园林的绝佳位置。

昆仑模式的景观映像起初只是高山，经过发展进一步泛化为有制高意义的景观结构，高峻是其最典型的特点，例如苏州的沧浪亭，便是直接在丘顶建造的。

图5－1　北京颐和园

二、蓬莱模式及其理想结构

昆仑山和东海仙山是我国神话系统的两大渊源。昆仑神话发源于西部高原地区，随着东西部地区联系的增多，逐渐传播到中原各地，并在此基础上被古人根据东部的地理环境加以利用和改造，创立了另一种神话系统——蓬莱神话。蓬莱神话在战国时期盛行于燕、齐等地，是昆仑神话东传后与当地的地理特征以及人们的宇宙观念相互融合的结果。

东海仙岛有“三山”和“五山”之说。

“渤海之东，不知几亿万里，有大壑焉，实惟无底之谷，其下无底，名曰归墟。八纮九野之水，天汉之流，莫不注之，而无增无减焉。其中有五山焉：一曰岱舆，二曰员峤，三曰方壶，四曰瀛洲，五曰蓬莱。其山高下周旋三万里，其顶平处九千里。山之中间相去七万里，以为邻居焉。其上台观皆金玉，其上禽兽皆纯缟。珠玕之树皆丛生，华实皆有滋味，食之皆不老不死。所居之人皆仙圣之种，一日一夕飞相往来者，不可数焉。而五山之根无所连著，常随潮波上下往还，不得暂峙焉。仙圣毒之，诉之于帝。帝恐流于西极，失群圣之居，乃命禺强使巨鳌十五举首而戴之。迭为三番，六万岁一交焉。五山始峙而不动。而龙伯之国有大人，举足不盈数步而暨五山之所，一钓而连六鳌，合负而趣，归其国，灼其骨以数焉。于是岱舆、员峤二山流于北极，沉于大海，仙圣之播迁者巨亿计。”(《列子·汤问》)

先民认为东海仙山共有五座：岱屿、员峤、方壶(又称方丈)、瀛洲、蓬莱。山与山之间，相距七万里，彼此相邻分立。山上的楼台亭观都是金玉建造，飞鸟走兽一色纯净白毛。珠玉之树遍地丛生，奇花异果味道香醇，吃了可长生不老。山上住有仙圣，一早一晚，飞来飞去，相互交往，不可胜数。但五座山的根却不同海底相连，经常随着潮水波涛上下颠簸，来回漂流，不得片刻安静。仙圣们为之苦恼，向天帝诉说。天帝唯恐这五座山流向西极，使仙圣们失去居住之所，便命令北方之神禺强派十五只巨大的海龟抬起头来，把大山顶在上面。分三批轮班，六万年轮换一次。这样，五座大山才得以耸立不动。但是，龙伯之国的巨人来到五座山前，投下钓钩，一钓就兼得六只海龟，一并负在肩上，烧灼它们的甲骨来占卜凶吉。于是岱舆和员峤这两座山便漂流到北极，沉没在大海里，仙圣们流离迁徙者不计其数。最后留下的则只有蓬莱、方丈、瀛洲三座仙山。

战国时期，人们对生命的永恒和精神的自由产生了浓厚的兴趣，这一愿望逐渐演变为神仙信仰，具体表现为追求长生不死和自由飞升的特征。神仙信仰的倡导者和实践者是那些由原始巫师演变而来的神仙方士。他们巧妙地编织神话，描述长生不死和自由飞升的仙话，并将现世养生长寿作为宣传工具。通过传说中的“不死药”和“不死民”，他们成功地吸引了人们的关注，从而引发了求仙的热潮。

“自威、宣、燕昭使人入海求蓬莱、方丈、瀛洲。此三神山者，其傅

在勃海中，去人不远；患且至，则船风引而去。盖尝有至者，诸仙人及不死之药皆在焉。”(《史记·封禅书》)

最初的求仙热潮是由齐威王、齐宣王和燕昭王掀起的，尽管三仙山的神秘存在依然遥不可及，却显著地助推了神仙信仰的蓬勃发展，扩大了其影响，同时也使方士的势力迅速增强。随后，神仙信仰的传播方向由北向南扩散，影响迅速蔓延。齐威王、齐宣王和燕昭王之后，随着大国兼并战争的白热化，各国国君忙于对抗敌对势力，无暇组织规模庞大的求仙活动，这一局面一直持续至秦始皇统一中国之后。

“齐人徐市等上书[①]，言海中有三神山，名曰蓬莱、方丈、瀛洲，仙人居之。请得斋戒，与童男女求之。”(《史记·秦始皇本纪》)

“始皇引渭水为池，东西二百里，南北二十里，筑为蓬莱山，刻石为鲸鱼，长二百尺。”(《三秦记》)

秦始皇统一天下后，多次派人访求仙药。在公元前219年，也是秦始皇统一全国的第三年，徐福受命带领数千童男童女入海求仙，却一去不复返。但秦始皇求仙之梦并未完结，只得借助园林来满足他的奢望。他引水入兰池，池中有二百尺的石鲸鱼，并在其中堆筑蓬莱仙山。可以说，中国园林首次出现了真正意义上的神仙意境的皇家园林。

“元鼎、元封之际，燕、齐之间方士瞋目扼腕，言有神仙祭祀致福之术者以万数。”(《汉书·郊祀志》)

受秦始皇的启发，汉高祖刘邦在兴建未央宫时，也曾在宫中开凿沧池，池中筑岛。汉武帝文治武功，创造了一代盛世，对成仙的追求更加热切，有着超越秦始皇的雄心壮志。在方士的蛊惑下，汉武帝劳民伤财，多次到泰山封禅，到东海、渤海祭祀，但这些访仙活动最后都无果而终。尽管如此，汉武帝对永生的愿望并没有破灭，憧憬海中的仙境求而不得，便在长安建造建章宫时，在宫中开挖太液池，在池中堆筑三座岛屿，并取名为蓬莱、方丈、瀛洲，以模仿仙境(见图5-2)。

经过战国、秦朝至汉武帝时期的长足发展，蓬莱神话在园林中逐渐确立起自己的地位，一池三山的蓬莱模式正式登上历史舞台，并成为帝王营建宫苑时常用的布局方式(见图5-3)。

---

① 徐市：徐福。

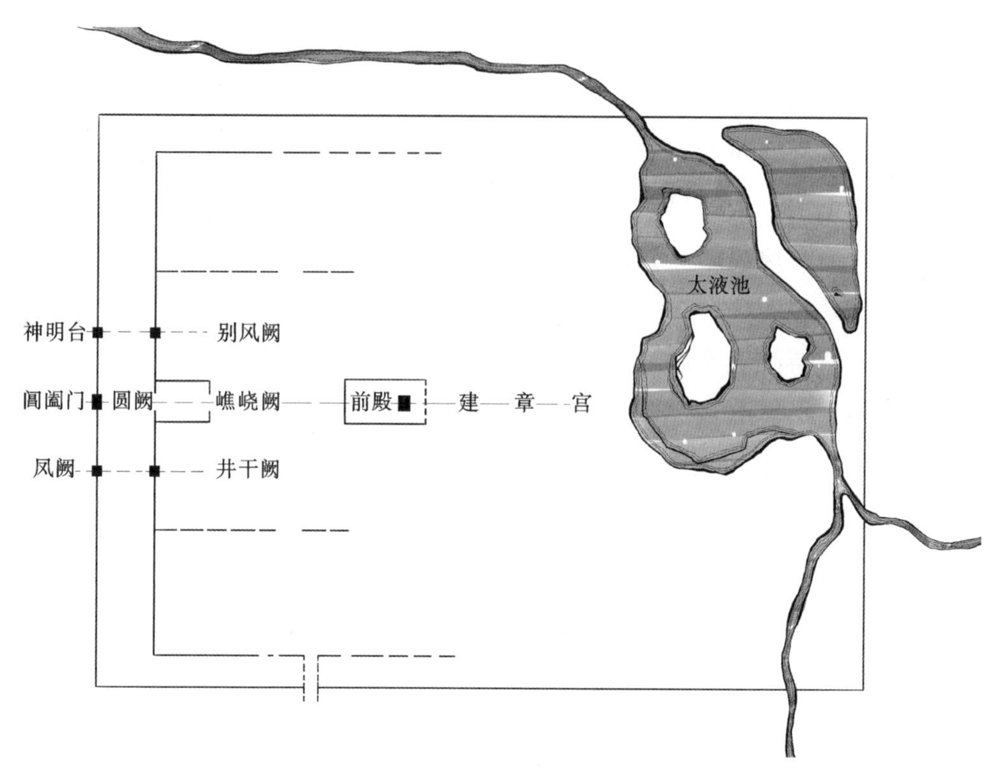

图 5－2　建章宫平面图

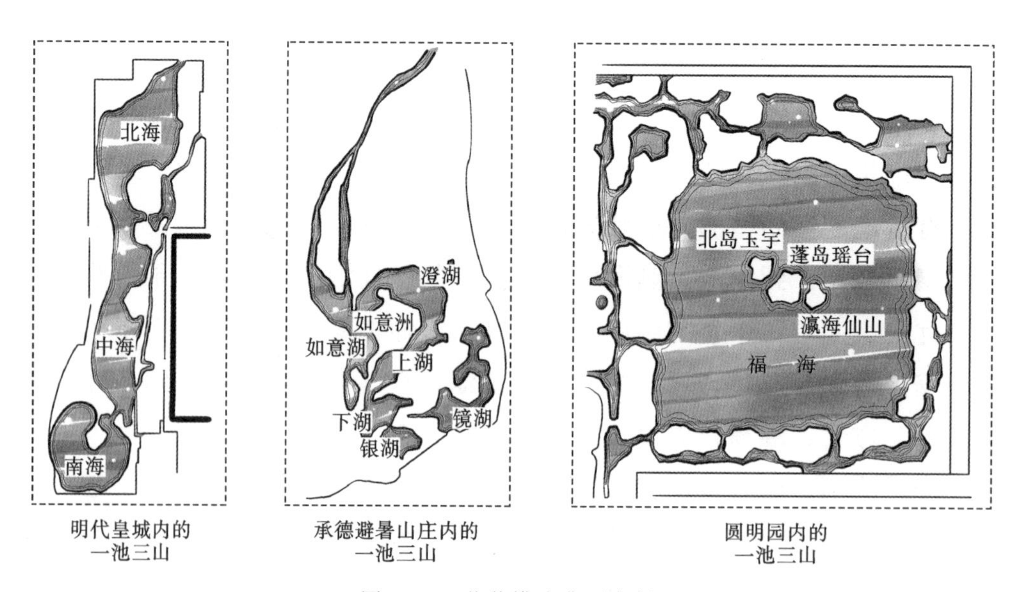

明代皇城内的
一池三山

承德避暑山庄内的
一池三山

圆明园内的
一池三山

图 5－3　蓬莱模式典型案例

可以说，自秦汉到明清，历代皇家园林一直都沿用一池三山的蓬莱模式，而在不断延续的过程中，蓬莱模式不是简单地重复出现，而是巧于因借、精在体宜、景到随机、因境而成，在这一模式的基础上创造出一法多式、有法无式的高超园林设计技巧。这样的设计被历代山水园林采用，传承至今。

蓬莱与昆仑分别是不同神话背景的仙境，却展现出了一些相似之处，皆有高耸的山脉和被水隔开的岛屿，但蓬莱模式在园林设计上也展现出了其独特的风格，与昆仑神话不同的是，蓬莱神话更加强调海洋在仙境中的核心地位，也就是对园林水体的重视。受到蓬莱神话的深刻启示，园林的布局也逐步经历了变革，从环绕高山的水域演变为三山并立的池塘，从平面到立体再到空间的变化过程体现出不同景观层次间所形成的联系与区别。当然，这不仅仅是指水域中的岛屿，还可以扩展为其他具有空间隔离意义的结构，例如云海中的山峰、林海中裸露的岩体、沙漠中的绿洲等。

蓬莱神话在园林艺术中地位的确立，对于中国古典园林艺术的进一步发展具有不可忽视的重要性。蓬莱模式是古代文人士大夫对自然山水的审美追求和多种创作手法综合的产物。首先要明确的是，蓬莱模式为复杂的山水体系，充满了艺术的多样性，它是一种将自然地形和人工建造相结合的手法。在过去，山体和水体的关系是一水环一山、一片水域环绕一个平台，但现在已经演变为一片水域环绕三座山，这为园林艺术提供了丰富的发展空间和条件。在蓬莱模式的大背景之下，古人构建了以水域为连接纽带的山脉、水域和建筑之间的综合关系。这种格局打破了单一平面布局中景观孤立分散的局面，形成了一个有机整体，从而使得整个园林景致更加协调和谐，使其成为具有鲜明地域特征的完整园林景观系统。相较于传统的园林设计，这种新的设计模式摈弃了仅仅以山或高台为中心、以道路和建筑作为连接纽带的传统方式，而是引入了以水体为中心和连接纽带的新格局，极大地丰富了园林艺术的表现手法。

三、壶天模式及其理想结构

“三壶，则海中三山也。一曰方壶，则方丈也；二曰蓬壶，则蓬莱也；

三曰瀛壶，则瀛洲也。形如壶器。”(《拾遗记·高辛》)

一瓢藏造化，天地一壶中。在道教经典中，被视为小宇宙的壶天是形状圆润且中间留有虚空的葫芦。在魏晋南北朝时期，道教逐渐成熟和定型，壶形宇宙观念也因道教的兴起而在中国大受欢迎。一些人甚至认为海中的三神山也呈壶形。秦汉记载里，方丈、蓬莱、瀛洲均指海中神山，到了东晋《拾遗记》中，东海三仙山改名为方壶、蓬壶、瀛壶，可见蓬莱仙境也都属于“壶中天地”，这表明神仙世界与“壶”已经有了密切关系。壶天模式也就成为继昆仑模式、蓬莱模式后又一蕴含神仙思想的园林模式。

关于壶中天地的传说不胜枚举且影响深远。壶即葫，在《伏羲考》中，闻一多先生详列了近50种与葫芦相关的神话。在上古神话中，伏羲和女娲作为人类的始祖，被视为葫芦的化身。开天辟地的盘古，其名中的“盘”与“瓠瓠”中的“瓠”在古代通用，“古”与“瓠”在音上也相近，“盘古”即可理解为“瓠瓠”，而“瓠瓠”就代表葫芦。《诗经·大雅·绵》中有“绵绵瓜瓞，民之初生”，其中的“瓜瓞”就是指葫芦。从以上文献和神话可以看出一个共同点：葫芦象征孕育人类的母体。

葫芦神话的广泛流传也与人们对葫芦的崇拜密不可分，而这种崇拜主要源于葫芦自身的多功能性和实用性。葫芦适应性强、长势旺盛、果实饱满等特质，引发人们对家族繁荣、繁衍和幸福的联想。葫芦还是吉祥的象征，彰显着顺遂、富足、健康和如意，这令其在传统文化中有着重要地位。

“费长房者，汝南人也。曾为市掾。市中有老翁卖药，悬一壶于肆头，及市罢，辄跳入壶中。市人莫之见，唯长房于楼上睹之，异焉，因往再拜奉酒脯。翁知长房之意其神也，谓之曰：‘子明日可更来。’长房旦日复诣翁，翁乃与俱入壶中。唯见玉堂严丽，旨酒甘肴，盈衍其中，共饮毕而出。”(《后汉书·方术列传》)

东汉时，汝南郡的费长房偶然发现街上有一位售药的老翁在市集结束后悄悄地钻入葫芦之中。费长房目睹这一切，断定这位老翁绝非寻常之人。费长房购买了酒肉并恭敬地前去拜见老翁。老翁明白费长房的来意，便引导他一同钻入葫芦。一进入葫芦，费长房眼前豁然开朗。朱栏画栋、富丽堂皇，奇花异草点缀其中，仿佛仙山琼阁，宛若进入别有洞天之境。

“林尽水源，便得一山。山有小口[1]，仿佛若有光。便舍船，从口入。初极狭[2]，才通人。复行数十步，豁然开朗[3]。土地平旷，屋舍俨然，有良田、美池、桑竹之属。阡陌交通，鸡犬相闻。其中往来种作，男女衣着，悉如外人。黄发垂髫，并怡然自乐。”(《桃花源记》)

《桃花源记》描述，山上隐匿着一处小洞，洞内似乎透出微弱光芒，诱人进入。最初，洞口狭窄得只够一人通过，行走数十步，景象骤变，豁然开朗。眼前展现出一片平坦宽广的土地，房舍齐整排列，田地肥沃，池沼宜人，桑竹丛生。田间小径纵横交错，鸡鸣狗叫声此起彼伏，人们在农事劳作，男女的服饰与桃花源之外的常人无异。老人小孩，怡然自得。

壶天这种仙境模式实际上是封闭的却包罗万象的小天地，如果说昆仑模式强调高峻险绝的隔绝模式，蓬莱模式强调海中仙岛的特征，那么壶天模式则正如葫芦或壶器之形那样，与外界相隔离的围合空间和连接内外空间的狭口是壶天模式的两大结构特征。

在过去，封建统治阶级将鬼神世界与政权紧密结合，用以对平民百姓进行统治和精神控制。随着道教的兴盛，像费长房这样的民众开始创造自己心中的神仙形象，将其视为理想和追求的象征，以充实个体的精神世界，鼓舞自己与险恶的世界抗争。

因此壶中天地这一模式成为理想境界的代称，并通过多种方式与昆仑模式、蓬莱模式按照比例随意组合，被运用到各种理想景观的创作之中，尤其是私家园林的创作中。

“中年聊于东田间营小园者，非在播艺，以要利入，正欲穿池种树，少寄情赏。又以郊际闲旷，终可为宅，傥获悬车致事，实欲歌哭于斯。”“但不能不为培塿之山，聚石移果，杂以花卉，以娱休沐，用托性灵。随便架立，不在广大，惟功德处，小以为好。”(《梁书·徐勉传》)

中国园林从秦汉发展到南北朝之后，园林的种类已经不仅仅是皇家园林，私家园林、寺观园林在这一时期也得到了空前发展。

可以说，从这时候起，中国古典园林体系才开始初步形成。山不在

---

① 山有小口，此处相当于流口，即连接内外空间的狭口。

② 初极狭，此处相当于壶流，即流口在空间上延伸出的线性通道，类似甬道、长廊等结构。

③ 豁然开朗，此处相当于壶腹。

高，贵有层次；水不在深，妙手曲折。汉代以后，私家园林的规模由宏大演变为精巧，这代表着园林经历了从粗放到细致的跨越，园林创作方法也从简单的写实逐渐演变为写意与写实相结合。这一时期的私家园林不仅融合了老庄哲学、佛道精义，还受到了六朝风流和诗文趣味的深刻影响。这样的融合和发展，成为私家园林独特的表达方式，呈现出多元而丰富的艺术风貌。

唐朝中期以后，这种趋势更是如星星之火成燎原之势蔓延开来。造园者们力图在有限的“壶中天地”内，创造出深广的艺术空间和丰富的艺术变化，园子虽小，而各种景色具备：百步之内，溪丘泉沟，池堂厅岛，应有尽有。在狭小空间中构建起完备的空间体系，力求小中见大，其背后反映了国人尤其是文人心态上的变化，由积极进取转为偏居一隅，追求“中隐”的哲学，因此园林景观也是由大到小，小中见大，最后趋于精致。

在壶天模式中园林景观的大小是相对的，空间分隔越多，层次越丰富，感觉就越大，并非通过高大的体量来体现。其结构大致可参照壶器分为流口、壶流和壶腹结构(见图 5－4)。

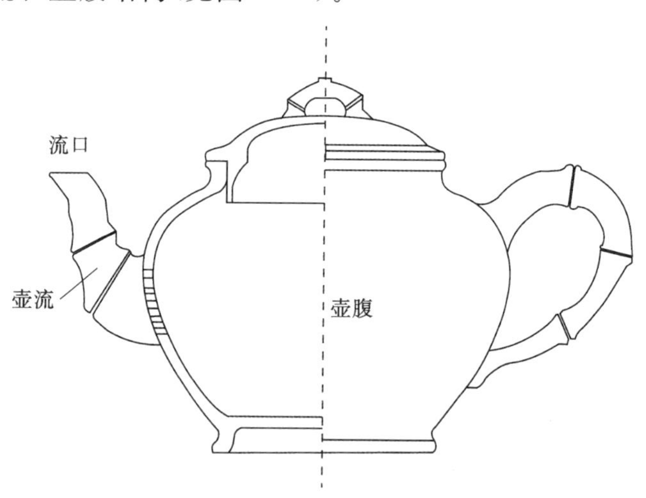

图 5－4　壶天模式结构类比图

流口是控制壶腹与外界信息、物质流通之出入口，水口、洞口、门口等皆属此结构。壶流即流口在空间上延伸出的线性通道，人工构筑的甬道、长廊、曲径等皆属此结构。壶腹则强调空间的闭合性，是壶天模式中的典型结构。将壶剖半可见壶腹的两种结构，一种是揭开壶盖则壶腹敞开可见天日的半围合结构，另一种为闭合壶盖后壶腹全方位闭合的洞穴结构。

其实无论是高山之昆仑、孤岛之蓬莱，还是咫尺之壶天，它们都随着历史的发展趋向统一，实际上反映了中国人对仙境理想化和抽象化的认识过程。壶天模式从魏晋开始到唐宋时期大规模应用，再到元明清被广泛接受和应用，并一直影响至今。例如苏州残粒园，花园面积仅 140 平方米，假山、池水、花木、亭台组成了曲尽匠心的园林景观，院墙南低北高，给人“一峰则太华千寻，一勺则江湖万里”之况味(见图 5-5)。再例如，北京北海琼岛的北坡有题额为“一壶天地”的山亭；扬州个园主建筑抱山楼所悬“壶天自春”匾额，楼下廊壁上所嵌刘凤浩《个园记》对此“壶中”景色做了详细的描述：“堂皇翼翼，曲廊邃宇。周以虚槛，敞以层楼。叠石为小山，通泉以平池。绿萝袅烟而依回，嘉树翳晴而蓊匌。闿爽深靓，各极其致。以其目营心构之所得，不出户而壶天自春，尘马皆息。”

图 5-5　残粒园轴测图

此外，在园林中，门洞、花窗、铺地的布局常呈现瓶状结构，或是直接呈现葫芦形态，抑或由葫芦演化而来；而亭子的宝顶也常常采用葫芦形的设计。这些装饰元素代表着壶中仙境以及一系列吉祥的象征意义，为园林增添了寓意，丰富了其文化内涵。

第二节 欧洲园林和伊斯兰园林的理想模式

汤姆·特纳在《世界园林史》中展示了从公元前2000年开始，4000多年间园林在不同时期的特征和发展历程，传统的欧洲园林和伊斯兰园林基本以规则式为主，秩序性极强，十字形结构贯穿始终，比如泰姬陵、帕萨尔加德都城、圣加尔修道院、兰特庄园等。

泰姬陵建于1632—1654年，是莫卧儿皇帝沙·贾汗为纪念亡妻所建，是一座为爱而生的建筑。主体建筑全部由白色的大理石建造，在不同的时间和光线下呈现出不同的风貌，园林景观和谐对称，水景交融，令人惊叹。

著名的印度观察家、英国人霍奇森于1828年绘制的泰姬陵测量图证明：它是一个典型的四分花园，陵墓位于园林的边缘，可以俯瞰亚穆纳河。陵墓入口位于主轴线尽端，横轴的两端布置有凉亭。泰姬陵是典型的受伊斯兰天园影响的，由十字形基本结构单元构成的园林(见图5-6)。

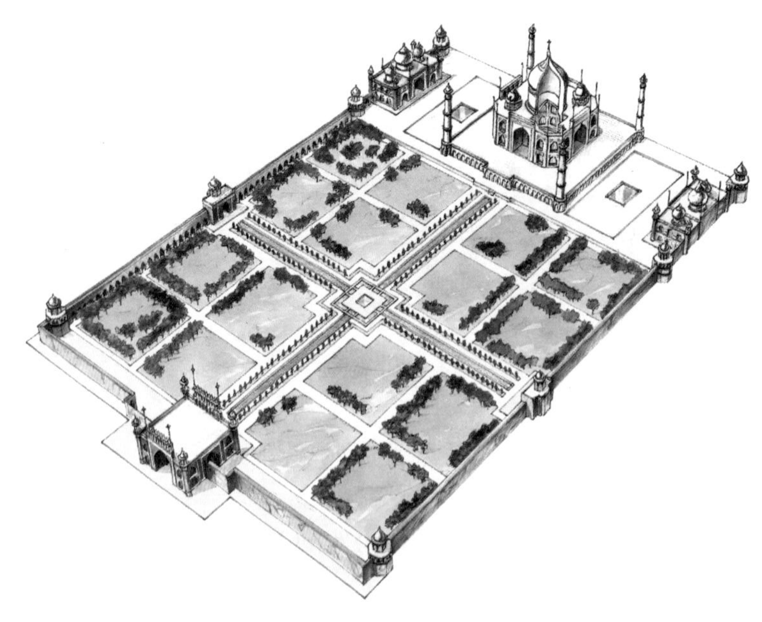

图5-6 泰姬陵

帕萨尔加德是公元前6世纪波斯皇帝居鲁士二世在位时建设的，是阿契美尼德帝国的第一个都城。后因居鲁士二世在战争中战死，所以并没有实现全部的城市建设。帕萨尔加德一直担任首都的角色，直至波斯波利斯建立为止。帕萨尔加德遗址位于今日的伊朗境内，范围并不广阔，包括一个陵墓，被认为是居鲁士二世的陵墓。陵墓附近的山丘上还留存有堡垒的痕迹，旁边则散布着两座宫殿和花园的遗址，是典型的波斯四分花园最古老的实例之一(见图5-7)。石质浅水渠遗迹限定了两个保留下来的宫殿之间的空间；道路由夯土筑成或由砾石铺砌；园中有两个小凉亭；这个宫殿区可能位于一个植有柏树、石榴、樱桃树及其他开花植物的林池中。

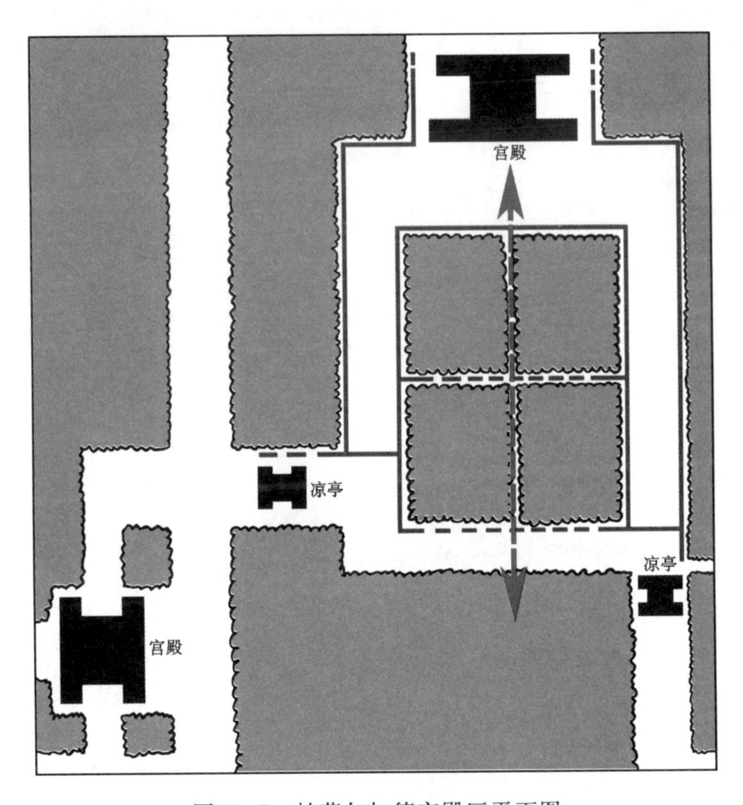

图5-7　帕萨尔加德宫殿区平面图

圣加尔修道院位于瑞士北部，是一座典型的中世纪修道院园林(见图5-8)。修道院中心的回廊庭院是精确的边长100英尺[①]的正方形，各要素布局对称，是散步、阅读及沉思的地方，庭院四周环绕着有屋顶的步道，

① 1英尺=30.48米。

中心十字划分为等分的四方格。

兰特庄园是意大利文艺复兴时期园林设计的最佳代表(见图 5-9)。园林由花园和林园两部分组成。方形和圆形在平面构成中占主导地位:一个方形的水池被划分为更小的方形,还有圆形的平台。水池中心是一个喷泉。平面图构是十字形结构单元的完美组合,形成了高度的均衡性与和谐性。

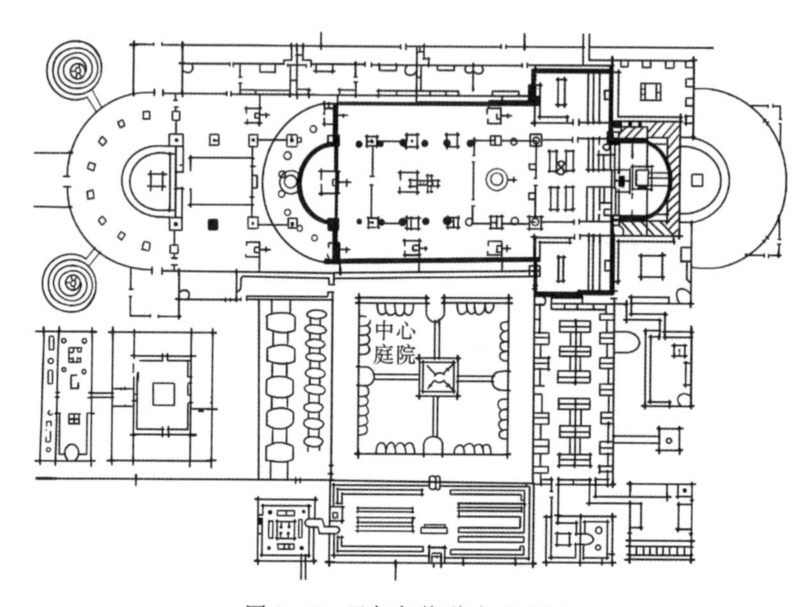

图 5-8 圣加尔修道院平面图

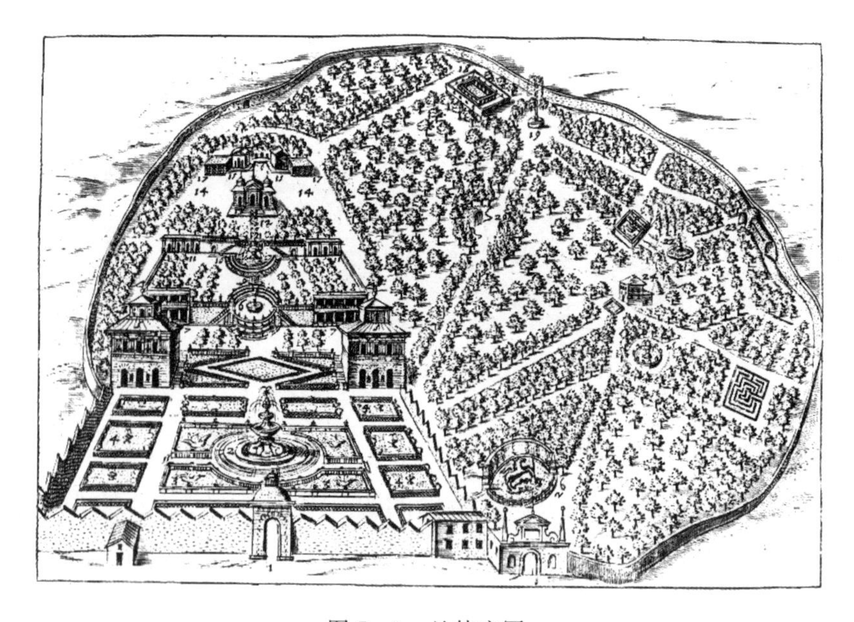

图 5-9 兰特庄园

西方园林发展到后期，出现了辐射状的轴线，这种辐射结构可以看作十字结构的变形，最具有代表性的是沃·勒维孔特城堡。

在巴洛克园林中，由安德烈·勒诺特尔设计的园林可以称得上是最优雅、最和谐的园林。沃·勒维孔特城堡是其代表作之一(见图 5－10)。设计师运用几何学设计规划，将周围的环境纳入整体构图中。沃·勒维孔特城堡的布局有着均衡的比例，理性与神秘的艺术特征蕴含在其中。建筑位于中心，十字形的轴线把建筑、喷泉、花坛、水池和其余结构连为一体。从平面上看，整体的网格轴线由十字形基本结构单元构成，通过辐射的网格轴线体系形成了完整清晰的结构与比例和谐的整体。

图 5－10 沃·勒维孔特城堡

第六章

神话与园林要素

欧洲园林体系中的伊甸园，伊斯兰园林体系中的天园，中国园林体系中的灵囿……可以说，世界园林在各类神话的浸润下，经历了萌发、成长，最终达到繁荣的漫长过程。在这一发展过程中，园林呈现出丰富多样的时代风格、民族特色和地方文化，最终形成了三大独具特色、在地域上具有一定范围、在园林思想与规划方式上有一定特性、在园林类型和形式上风格各异的园林体系，即欧洲园林体系、伊斯兰园林体系和中国园林体系。神话直接或间接地反映出先民对天地宇宙、理想天堂的神往与亲和，而这些神话的创造则恰恰映射出早期人类对景观园林的理想化追求。在这些神话臆造的神明生活的环境中，已经具备了后世造园的几个基本要素：山石、水、植物、建筑。

第一节 山岳灵石

在生产力水平极为低下的时代，人类把自然现象同超凡力量联系起来，臆造出各种自然之神。世界各地都有自然神灵崇拜，但唯有中国将山水上升为五岳、四渎等文化高度。“山岳”这个词蕴含了中国人的独有情感，西方语境中只有“山地”，是地理概念而不是文化概念。例如，在中国“天下名山僧占多”，中国名山发展史与道教和佛教在本地的兴衰史密切相关；而在西方，祈求上帝保佑的教堂却基本上建设在城镇中心广场。事实上，中西方对待山岳态度的差异，折射了文明根基中自然观的差异。西方哲学思维是“物我两分”，强调人在自然界中占据主导地位，这种“天人相分”的自然观导致西方人在理念上崇尚为我所用、在行动中乐于征服自然。而中国传统文化底蕴则不相同：儒家主张“天人合一”，生态智慧的核心是德性，反映宽容和谐的社会追求；道家追求“天地与我并生、万物与我为一”，向往超越物欲、肯定物我之间同体相合的境界，通过敬畏万物来完善自我；佛教倡导“众生皆有佛性”，生态智慧的核心是善待他物即善待自身，只有参悟万物的本真才能完成认知进而提升。

尽管如此，山岳或石头仍在中外园林中作为重要的景观要素，都是人类与山岳“主客一体”的反映，只是不同主体审美观照的情感不同。

一、山石要素在中国神话

1. 王权统治与山岳神话

中华文明发源于江河，而江河的源头在高山，故随着中华文明的诞生，山岳崇拜迅速兴起。面对雄伟壮观的山脉和从山川涌流而出的河流，原始先民对神秘的自然力量以及孕育万物的奇妙力量感到无法言喻。在这样的背景下，人们对山岳产生了崇敬之情。这种崇拜不仅催生了原始神话和宗教信仰，也使山岳被赋予了神秘的属性，神话和宗教信仰反过来又强化了人们对山岳的崇拜。山岳之高大反映了其永恒性与厚重感，令人敬畏。“恩重如山”“寿比南山”这些中国常用成语，也从侧面表达了人们对山岳的崇拜之情。

不夸张地说，几乎每一座山都被赋予了神话和传说的意象，成为人造山神的精神标志。比如，昆仑山和海上的三神山被传说为众神的居所；华山和灵山等被视为巫师与天神交流的重要场所；传说干将与莫邪在浙江的莫干山上铸剑，因此被尊崇为山神……

为了进一步稳固统治地位，封建时代的各个王朝都选择通过对山川进行祭祀来达到对王权的神圣化。名山大川不仅具有丰富的历史文化内涵，而且还承载着许多神秘的故事。从帝尧命舜摄政，“望于山川，辩于群神”(《虞书·舜典》)开始，直至西周对五岳的敕封，各个朝代都发布了关于五岳的诏令，并且还广泛地进行了立祠、封禅和祭祀等各种仪式活动。汉武帝登泰山，对其进行了“高矣、极矣、大矣、特矣、壮矣、赫矣、骇矣、惑矣”的高度赞誉。唐玄宗封五岳为王，宋真宗封五岳为帝，明太祖封五岳为神。山岳被赋予了接天通地、国土完整、江山永固、国运绵长的象征意义，具有深厚的人文内涵。

“有轩辕之台，射者不敢西向射，畏轩辕之台。”(《山海经·大荒西经》)

山岳因其高大之势被赋予了神灵崇拜和天人感应的功能，而中国园林早期的高台建筑正是古人模仿山岳之形，显示高大气魄的一种崇拜物化。山岳崇拜的观念在人们日常生活中不断演变为实体而被人们尊敬崇奉，高台正是这种观念发展阶段的一部分，这一阶段，高台如山岳一般，象征着人间不可企及的权力。

中国园林早期的高台建筑以土为基，在木架结构尚未发展完备之时很好地满足了建筑层级结构和高大美观的需求。将夯土台筑成阶梯，形成了高大的、近似多层的建筑，达到层层叠叠、巍峨壮丽的效果，让民众产生敬畏心理。在注重信仰、崇拜神灵的古代，这一建筑结构增加了王室的尊严，同时也是统治人民、展示权力的象征。高台建筑似乎与天更近，也满足了帝王的追求。在战国至秦汉时期，魏有文台、楚有强台、韩有鸿台，此外章华之台、路寝之台，都很著名。而秦时阿房宫的华美庞大，更是将高台建筑推向了发展的顶峰。这种通过高台建筑炫耀实力、塑造身份，与平民百姓拉开距离的做法形成了一种风尚，高台建筑的数量也在这一时期达到顶峰。

东汉以后，随着佛教的传入和木架构技术的发展，高台建筑逐渐被佛教的塔和高楼取代，高台建筑风格也逐渐转向体量较小而体形繁复，即使没有高台也能显示出皇家的威严与庄重，于是高台之风逐渐衰落，取而代之的是平整的砖石台阶，高台建筑不再广泛用于主要宫室，而是用于离宫别馆乃至庙宇寺观等园林。隋唐以后，高台建筑越来越走向衰落。到了宋代，随着生产力和商业的发展，市民阶层壮大，园林中的建筑物越来越追求华美，台阶也追求高大，低矮的砖石台阶被取代，高台建筑愈发少见，只有在建筑物的地基中得以窥见一二。

象征山岳的高台在数千年的中国园林文化长河中不朽地存在，不只因为它是统治阶级的权力象征，更是因为古人将其作为与天地沟通的媒介，在高台之上探寻人与自然、人与时间的关系问题，这是具有哲学思考和人文精神的行为。因此，这一园林景观形式背后蕴藏的是中国人天人合一的思想观念。

2. 儒释道的山岳景观

山岳之中多宗教修持之处，因此出现了许多名山圣地，遂使其具有神秘色彩，加之山川的秀美景色，以及各种名胜古迹，吸引了历代文人墨客为之歌颂，从而派生出游览文化、山水文学等文化艺术流派，在中国文化中占有重要位置。儒、道、释均有着丰富的山水文化思想。

君子比德是孔子哲学思想的核心思想之一。“知者乐水，仁者乐山”（《论语·雍也》），比德的山水观念，实际上是鼓励人们通过对自然景观的深度体验，将其看作精神的代表，以此来重新审视“仁”“智”等社会价值观的深层含义。以山水喻仁德的哲学思想对后代产生了深远影响，渗透于中国传统文化。天人合一的哲学理念引导人们对山水的尊重，塑造了中国独特的园林文化。中国园林从一开始就注重筑山和理水，筑山理水所表达的情感，不论是积极还是消极，都带有道德比附这类精神体验和品质表现。这种表现不仅体现在园林中，在诗词、绘画等艺术中也表现得尤为显著。

佛教自传入中国，便与山水紧密结缘。在幽深的山林中，云雾缭绕，寺庙巧妙地融入这样的自然环境，更突显佛的尊严和神秘，同时也为僧徒修习佛法提供了宜人之所。佛因山而显赫，山以佛而著名。在东汉时期，寺院的主要建筑是佛塔，用来供奉经卷和进行宗教活动。魏晋南北朝时期佛教逐渐兴盛，寺院的规模发生了巨大变化，佛塔不再占据中心位置，逐渐后移或在其他地方建造，寺院逐渐与民居和园林楼阁相结合，具备了观赏、登临的功能，因而呈现出世俗化和审美化的趋势。可以说，这一时期的寺院已不仅仅是佛教场所，而更接近于具有园林特色的建筑。

“却负香炉之峰，傍带瀑布之壑，仍石叠基，即松栽构。清泉环阶，白云满室。复于寺内，别置禅林，森树烟凝，石径苔生。凡在瞻履，皆神清而气肃焉。”（《高僧传·慧远传》）

引文所描述的是东晋高僧慧远法师所在的庐山东林寺，可以看出寺院走向山林，与自然风景结合的趋向。

唐代，佛教禅宗达到鼎盛，寺院建造也达到了顶峰。自然景观逐渐成为主要的寺院设计风格，这导致了佛教的四大名山——峨眉山、五台山、九华山和普陀山的出现，以及被誉为“佛门四绝”的国清寺、灵岩寺、栖霞寺和玉泉寺的诞生。在宋代，禅宗的影响力相当大，与之相应，寺院园林也得到了进一步发展，这些寺庙与周边的自然环境完美融合，共同构建了具有独特风格的寺院园林。这一时期，还涌现出“禅宗五山”(官寺制度中最高等级的寺院)，包括杭州的灵隐寺、净慈寺，余杭的径山寺，宁波的天童寺以及阿育王寺。明代开始，在佛教文化和传统文化影响下，寺院园林逐渐走向成熟，并以其独特的魅力吸引着众多文人雅士，发展出我国历史上诸多著名的文人士大夫私家园林。

道教所谓洞天福地，乃地上仙境，神仙及道士居所，有十大洞天、三十六小洞天、七十二福地，遍布全国各地，皆在山水之间。千百年来，历代道人隐居深山，潜心修道，营造着自己心中的人间仙境。自然山水在道教世界里有着与世俗社会截然不同的宗教意义和审美意义。

道教山水思想对我国园林艺术的影响也是深远的。“人法地，地法天，天法道，道法自然”的自然观对中国古典园林的发展具有重要意义，自然山水思想是中国古典园林建造和艺术创作的重要理论支撑。中国古典园林可以分为天然山水园、人工山水园两大类和皇家园林、私家园林、寺观园林三大体系。“本于自然，高于自然”是中国古典园林的突出特点，同时也是道法自然思想的具体体现。

在古代园林建设过程中，道法自然是至关重要的原则，而师法自然是古人主要采用的园林构建手法。园林中的山、水、树、石等各要素都经过精心设计，模拟自然山水，仿效自然界万物的本原状态，力求达到“虽由人作，宛自天开”的艺术效果。苏州园林之所以能成为园林中的经典之作，根本原因在于师法自然，展现出经久不衰的魅力。

园林中的人工景观承载着山水精神，因此在人造的山水园林中同样能够体验到畅游山水之乐，甚至感受到与自然山水迥异的趣味。江苏无锡寄畅园中的知鱼槛，其名出自《庄子·秋水》知鱼之乐的典故。知鱼槛为方形亭式水榭，歇山顶，三面临水，临水处置美人靠，游人可以舒服地坐倚于此，欣赏锦汇漪中快乐的游鱼，体味“原天地之美而达万物之理”(《庄子·外篇·知北游》)的自由和谐之境。

回望中国园林的三大体系，皇家园林会随着朝代更替而变化，私家园林也会因家族的起落而变迁，而寺观园林却由于宗教文化的传承性和延续性，保持着相对的稳定和连续，没有太大的变化。

寄情山水、回归自然，对于现代人陶冶性情、净化心灵也有着独特的功效。古人的山水思想蕴含着生态智慧和人与自然的和谐关系，其爱护自然、崇尚自然和致力于“人间仙境”建设的可贵精神，对于当今生态文明建设仍有借鉴意义。

3. 神话山石在中国园林中的世俗表现

昆仑、蓬莱神话与山岳有密切关系，中国园林也从昆仑、蓬莱神话的意象中催生出以山岳为主体的景观构成要素及特征，尤以蓬莱神话的一池三山模式对后世中国园林营造产生了深远影响。从造园艺术来看，园中有水可以增进园林的趣味，引发人们的思考，而水中有山，则可以消解水面的单调，增加水面景观空间的层次感。而在精神上，除了满足皇帝亲临仙境的需求外，还具有迎奉仙人的祭祀意味。一池三山布局成为帝王在建设宫苑时经常采用的设计手法(见表 6－1)，并一直影响到清代的园林艺术。

表 6－1　历代采用一池三山布局的园林景观

朝代	园林景观
西汉	长安建章宫太液池
东晋	建康玄武湖
北齐	邺城仙都苑大海
北魏	洛阳华林园天渊池
南朝	建康华林园天渊池、玄武湖
隋朝	长安大兴宫后苑，洛阳东都宫九洲池、西苑北海
唐朝	长安大明宫太液池、太极宫后苑四海，洛阳东都宫九洲池、神都苑凝碧池
北宋	东京艮岳大方沼
元朝	大都太液池
明朝	南京玄武湖，北京太液池
清朝	北京圆明园福海、清漪园昆明湖

以圆明园为例。圆明园作为万园之园，多运用象征的手法表现不同文化中的仙佛境界，例如紫碧山房、蓬岛瑶台、方壶胜境等。

紫碧山房坐落在圆明园西北角。根据圆明园移天缩地的设计理念，从紫碧山房的西北到福海的东南，象征着中华神州西北高而东南低的整体地势。紫碧山房在这一布局中扮演着昆仑山最高峰的象征角色。乾隆时，圆明园中用水量明显增加，原有水系难以满足要求，不得不引清河水入园，这条水系起源于紫碧山房，流入福海，形成了水源自西北向东南方向流动的格局。这与神话传统中天下之水发源于昆仑山的理念相呼应，赋予了这一水系神秘的寓意。

“福海中作大小三岛，仿李思训画意，为仙山楼阁之状。岧岧亭亭，望之若金堂五所、玉楼十二也。真妄一如，大小一如，能知此是三壶方丈，便可半升铛内煮江山。”(《圆明园四十景图咏·蓬岛瑶台》)

蓬岛瑶台是用传说中仙境名称命名的景观，始建于雍正初年，当时叫“蓬莱洲”，乾隆初年改称“蓬岛瑶台”并进行改建。其位于福海中央，由大小不同的三岛构成，象征着蓬莱、方丈、瀛洲三仙山。三座岛屿是由嶙峋巨石堆砌而成的，中间是近似正方形的主岛，主岛东侧、西北侧各有一小岛相辅，通过栈桥连接主岛。蓬岛瑶台主岛上曾有蓬岛瑶台正殿、畅襟楼、神洲三岛、随安室、日日平安报好音方亭等建筑；东岛上有瀛海仙山亭；西北侧的北岛上有一座院落。

“海上三神山，舟到风辄引去，徒妄语耳。要知金银为宫阙，亦何异人寰？即境即仙，自在我室，何事远求？此方壶所为寓名也。东为蕊珠宫，西则三潭印月，净渌空明，又辟一胜境矣。”(《圆明园四十景图咏·方壶胜境》)

方壶胜境建成于乾隆三年前后，是园中最为壮观的建筑群之一，位于福海东北海湾内之北岸，景观立意取材于道家的仙山琼阁意境。方壶山是中国古代传说中的神山，乾隆皇帝将其赋予景观之名，一旦踏足其中，仿佛进入仙境。方壶胜境的核心建筑以对称布局为主，分为前后三组殿堂，覆盖着金黄色琉璃瓦。这些建筑在水面上的倒影，犹如仙山的琼楼玉宇一般，呈现出壮丽的景象。前部的三座重檐大亭呈山字形伸入湖中，宏伟辉煌，具有东海三神山的寓意。

二、山石要素在西方神话

在中国古典园林艺术体系里，山石是构筑园林景观的基本材料之一。但是，直到18世纪初期，绝大部分的欧洲人还是把山地看作荒芜的标志。在西方的园林体系中，许多园林专家对植物和水在景观设计中的重要性进行了深入探讨，却往往忽略了对山石元素的重视。

古希腊人、古罗马人坚信诸神居住在山顶或山洞中，犹太教、基督教和伊斯兰教将山脉视为神圣之地，是神与人最自然的相处场所。西方文化中对山的尊重中兼有明显的恐惧。西方文化里，高山往往象征死亡，并成为人类精神世界中最为强大的力量。在欧洲的其他寓言故事里，山区常被认为是女巫、狼人以及被打入地狱的幽灵的藏身之地。欧洲的文化传统深深地影响了西方人对石头的看法，在18世纪以前的园林设计中，天然的石头很少被赋予精神或文化意义，人们更倾向于使用经过切割处理的石材，因为这些石材在墙体、平台、喷泉、小路以及其他园林设计中都展现出了独特的功能和装饰价值。

在西方神话中岩洞是神祇居所，也被视为通往死亡之地的入口，常与死亡和重生相联系，在自然景观中被看作令人畏惧和恐怖的地方，因而并未在中世纪花园中实际发挥作用。15世纪，洞窟成为意大利文艺复兴花园的一大特色。

洞窟景观是意大利文艺复兴时期园林中不同于其他园林要素的景观体，它们形象孤寂、神秘，常与苔藓、水景为伴，是意大利经典园林中不可或缺的景观元素(见图6-1)。洞窟通过神秘的本质，成为园主人情感寄托、审美趋向及社会文化发展等方面的具体体现。洞窟采用天然岩石的风格进行处理，常以神秘、怪诞的景观形象掩饰于浓荫古树下、挺立于花园步道旁，甚至还出现在建筑内部等。这些洞窟并非旨在重建一个真正的洞穴，而是通过绘画、雕塑和岩石、贝壳、骨头等各种材料的奇特排列进行装饰，从另一个角度来反映园主人的思想世界，它们宛如一定场景的剧场、立体的油画。它既是一种结合了土和水等主要元素的景观建筑，也是召唤访客进入其神秘空间并通过这个过程表达园主人思想的目的地。

图 6-1 阿尔多布兰迪尼庄园的岩洞入口

意大利文艺复兴时期的建筑师们复兴了古罗马的洞窟，为其新古典风格的别墅和花园增添了历史气息。虽然文艺复兴时期意大利园林中的洞窟风格起源于古代，但洞窟常被作为反映园主人思想世界的介质，人们开始在世界各地收集可塑性的建造材料，配以喜阴植物和水景来模仿它的天然环境。这种颠覆性的人造景观元素意外地得到了社会的认可，洞窟成为园林景观的一个普遍元素，并在 16 世纪前后达到了顶峰。此后，法国及欧洲其他国家的贵族不断从意大利聘请园艺家去帮助他们修建花园，洞窟的设计手法也开始传遍整个欧洲。

第二节 江河湖海

水是中西方园林建造的重要元素之一，水景这一艺术表现手法一直以来都极具魅力，很大程度上都体现了人类亲水的天性。众所周知，大河流域是人类文明的发祥地，中国的黄河和长江、埃及的尼罗河、中东的幼发拉底河和底格里斯河、印度的恒河都是人类文明的摇篮。水崇拜起源于人类对水的依赖和恐惧。在生产力水平极为低下的远古时代，狩猎和捕鱼是人们采集食物的主要方式，人们经常要和江河湖海打交道。江河湖海一方面给人们以巨大的恩赐，使人类繁衍下来，另一方面，却让人们感受到了大自然的反复无常，意识到了自身的渺小。于是，原始先民便把水当作神秘的图腾，开始崇拜臆想出来的掌管水的神灵。于是在千百年的历史变革中，水景艺术在中西方的园林理念中逐渐成形，同时由于文化、哲学和美学思想的不同，中西古典园林的理水艺术形成了鲜明的差别，具有各自的特色。

一、水要素在中国神话

水崇拜作为一种植根于农业社会生活土壤中的自然崇拜，在中国这个以农业为本的国度里，延续了数千年，其影响涉及政治、经济、文艺、哲学、宗教、民俗等多个领域，中国老百姓生活的各个方面、各个角落都有与水有关的种种神话。水已经不仅仅是自然界的一种物质，而是演变成一种象征性的表达。它承载了人类对宇宙和自身起源的理解，也体现出一个民族的智慧与情感。人们在与水的接触中，不断深化对水的领悟，从而形成了水哲学，用于解释世界、指导实践。道家的上善若水思想、儒家的智者乐水思想、佛家的善念如水思想……在中国古代哲学中，水作为精神的象征被世代传承，这一点在老子的哲学思想中尤为突出。

“渊兮，似万物之宗。”(《道德经》)

“江海所以为百谷王者，以其善下之，故能为百谷王。”(《道德经》)

水是万物的本原，老子从水的自然秉性中领悟出人的本性，凝练出人与自然和谐共生的哲理。道家思想对中国园林美学观念和布局设计思想产生了深远的影响，无论是自然山水园林、文人园林，还是写意园林，都遵循着“崇尚自然，师法自然”的原则。在此思想影响下，中国园林形成了独特的天人合一理念，即以自然为根本，超越自然，将自然美、建筑美和诗画美完美结合，达到万物和谐共生的境界。具体表现在三个方面。

1. 师法自然的造园理念

在道家哲学中，天人合一和道法自然的理念确立了人与自然的联系，揭示了宇宙的运行规律。这种思想在园林建造中得到了具体体现，即追求

“虽由人作，宛自天开”的造园意境。园林的美在于真实展现自然的美。在这种理念的驱动下，中国传统园林注重展现天然美感，遵循因地制宜的原则进行选址和布局，充分尊重和利用基址条件提炼自然美景，“宜亭斯亭”“宜榭斯榭”“高方欲就厅台，低凹可开池沼”，不刻意追求中轴对称的布局形态，而是灵活运用景物，“景到随机”“得景随形”，营造出天人合一的园林景观。

在中国传统造园艺术中有一种手法叫借声。苏州拙政园留听阁，其名出自晚唐诗人李商隐的一句名诗：“秋阴不散霜飞晚，留得枯荷听雨声。”在深秋的夜晚，雨点打到枯萎的荷叶上产生一种特殊的声响，这是中国园林特有的一种景致。在狭小的空间里，如建筑或长廊的转角处植一株芭蕉树，下雨的时候便可听见雨打芭蕉的声音，这也是常用的借声手法。

2. 虚实相生的意境营造

“埏埴以为器，当其无，有器之用。凿户牖以为室，当其无，有室之用。”(《道德经》)

“是谓无状之状、无物之象，是谓惚恍。”(《道德经》)

在道家虚静观的影响下，中国园林形成了以曲径通幽、柔美静谧为特点的风格。园中的道路曲折有致、蜿蜒无尽，将人们的视线引向茫茫树丛中，给人一种似断非断、意犹未尽的趣味。水有动静之分，但动与静并非绝对，而是相互交织的。水流回环有情，收放自如，不见源头亦不见尽端，穿越桥涵，流过沟涧，随地势而转，展现出一派生机勃勃的景象。此外，中国古典园林注重意境的营造，景致虚实多变，象外之意丰盈。通过实景与虚景的结合，营造出由实到虚再由虚到幻的审美境界。比如半圆拱桥横跨水面，与水中倒影合二为一，形如满月，象征团圆和谐；临水而建的舫，则如同离岸之船，象征漂泊和宦海浮沉的人生。这些景象不仅给人们带来了视觉上的享受，更传达了一种深远的人生哲理和艺术意境。

3. 负阴包阳的神仙意境

中国园林以自然为蓝本，其布局与架构紧密围绕着山水的元素。在道家阴阳观的指导下，园林中的山与水相互依存、环绕，一阴一阳、一高一低，形成了对立统一的审美格局，既稳定又充满生机。起初，一池三山的园林构筑模式仅是为了迎合统治者追求长生不老和拜神的思想。然而，在后来的发展中，对于岛屿的塑造逐渐演变成一种和谐的审美理念，即山水环抱。

此外，古代文人雅士赋予水清与浊的意象，喻人心之清浊，并将这种意象投射在为景观取名上。例如，苏州的沧浪亭和拙政园里的小沧浪亭，网师园中的濯缨水阁。

“安能以皓皓之白，而蒙世俗之尘埃乎?”“沧浪之水清兮，可以濯吾缨。沧浪之水浊兮，可以濯吾足。”(《渔父》)

二、水要素在西方神话

水要素在西方园林中是美好的象征，常以水法的形式出现，具有极其重要的地位，使园林充满生命力。在十字形格局的园林中，通常在十字交叉处设置中心水池，象征着天堂，具有十分重要的意义。西方园林将这种水法发挥到了极致，展现出巧夺天工的技艺。尽管自然界中的水是最变幻莫测的，但在西方园林中，水体被设计成整齐规则的形状。无论是水渠还是水池，都呈现出规整的几何形状。即使是山坡上奔腾而下的湍急流水，也会在石渠里变得规规矩矩，从一级一级的台阶等差落下，形成厚薄均匀的水帘(见图 6-2)，或者是通过各种机械使水喷出地面，形成整齐的喷泉(见图 6-3)。

图 6-2 兰特庄园水扶梯

图 6-3　埃斯特庄园百泉路

第三节　花草树木

一、中国园林植物的君子人格与精神寄托

中国传统文化中的神仙思想、天人合一思想、君子比德思想对中国园林的发展具有重要影响。神仙思想为中国园林搭建了山水骨架，天人合一思想为中国园林创造了山水意境，君子比德思想则是以儒家思想为根基，把伦理道德视为理性审美活动的基础，并在艺术与自然的审美体验中深刻理解道德人格，同时也强调个性的锤炼和个性的培育。孔子对于自然美学的观点是“比德”，他将仁、义、礼、智、信等道德观念与自然景观相结合，让人在大自然中感受道德的真谛。儒家的文化观点强调，当人们欣赏园林中的植物美景时，应深入挖掘和理解植物所代表的人类美德，并将欣赏植物之美视为一种修养身心的方式，以此来培育崇高的道德情操，也就是在植物审美中的比德观念。换句话说，比德是儒家对自然美学的一种观

点，它主张从伦理和道德的视角去感受和体验自然之美。

儒家的君子比德思想，在中国园林景观植物设计理念中得到了充分体现。与人的本质力量有相似形态、性质、精神的花木，可以与审美主体的人(君子)比德，人们对于自然景致的审美不再局限于自然本身的价值，而是更多地取决于它所比附的道德情操的价值。陶渊明爱菊花，因为菊花是恬淡隐士的象征；周敦颐赞美荷花，因为荷花是高洁的象征；牡丹富丽，尤被古代皇室所爱，被比拟为花王。

梅、兰、竹、菊被尊为"四君子"更是典型的比德方式。梅、兰、竹、菊，这四者分别代表春、夏、秋、冬，正体现了文人对时间秩序和生命意义的深刻感悟。梅代表着高洁傲岸，兰则象征着幽雅空灵，竹寓意着虚心有节，而菊则表现出冷艳清贞。

在中国文化中，人们将自己的情感寄托在一花一草、一石一木之间，从而使得这些事物超越了其原有的意义，变成了人格魅力和品行的象征和隐喻。这种对时间和生命的感悟，正是中国文人的心灵追求和艺术追求的核心所在。

1. 梅

"墙角数枝梅，凌寒独自开。遥知不是雪，为有暗香来。"(《梅花》)

"疏影横斜水清浅，暗香浮动月黄昏。"(《山园小梅·其一》)

梅花以其清幽飘逸的风姿、冰清玉洁的品格和傲视霜雪的精神，深受人们的喜爱。古诗词中有大量吟咏梅花的篇章，借梅花寄托情志、表达意趣。

梅树老枝屈曲，树影婆娑。红梅花艳，蜡梅花黄，都给人带来视觉上的美感。寒冬时节，百花凋零，百草枯萎，唯独梅花迎风傲立，无惧冰雪。可以说，梅花是色、香、形态都极具美感的传统珍贵花木。在中国古典园林中，梅花经常被用作主要的造景素材。无论是孤植、丛植还是绕屋种植，梅花都能为室内带来清幽的香气，增添许多雅致的情趣。当与松、竹、石等元素相搭配时，便能营造出诗情画意的意境。而当梅花成片种植时，则能形成一片香雪海的美丽景观。此外，还有许多以梅命名的著名景观，如狮子林问梅阁、拙政园雪香云蔚亭、明孝陵梅花山等。

2. 兰

兰因其芳香常用来比喻美好的道德。屈原选择秋兰作为他的佩饰，用诗意的文字来颂扬兰花的独特品质。而孔子不只是欣赏兰的芬芳，还将其视为最高的品质，并赋予它纯洁独立的人格之美。后人对于兰的人格美化大体都是沿着这个基调发展的。

“芝兰生于深林，不以无人而不芳，君子修道立德，不为困穷而改节。”(《孔子家语·在厄》)

兰花之所以具有如此高雅之品性，主要在于它有一种深隐之心，有一种高洁之气。空谷幽兰，兰花的习性决定了它更适合生长在人迹罕至的幽静之地，这种清雅脱俗的品性，也更符合诗人们心目中的理想境界。

兰花非常适合作为盆栽植物，为古色古香的厅堂和居室增添一抹雅致，再搭配上一些古雅的字画，更具艺术魅力。此外，兰花也可以在温度适宜的地区进行露地栽培，与山石相互映衬，更能增添画意。兰花也常种植于专类园中，如广州的兰圃和上海植物园的兰室等。

3. 竹

竹因虚心而有节的自然属性，很早就与德性联系在一起，象征高尚的品质和道德风范，被人们作为一种人格精神加以推崇。

在魏晋南北朝时期，士大夫群体与竹子之间形成了深厚的情感纽带。嵇康作为竹林七贤中的一员，拥有属于自己的宅园竹林；王羲之在竹林中建造兰亭。

竹子在清风中簌簌作响的声音，以及在夜月下疏朗优雅的影子，都深深触动人的心灵。竹子在风霜凌厉中依然苍翠挺拔的品格，更是让人引为同道，视其为自身精神风貌的象征。因此，在中国文人的居室住宅中，大多都会种植竹子。在园林中，我们常常可以看到梧竹幽居、松竹绕屋、竹廊扶翠等景致，这些都是古代文人钟爱的地方，例如杭州的云栖竹径等名胜。竹可群植亦可设专类园，如北京紫竹院。

4. 菊

如果说，冬梅斗霜冒雪是一种烈士不屈不挠的人格，春兰空谷自适是一种高士遗世独立的情怀，那么，秋菊则兼有烈士与高士的两种品格。晚秋时节，斜阳下，矮篱畔，一丛黄菊傲然开放，不畏严霜，不辞寂寞，无论出入进退，都显示出可贵的品质。

三国时期魏国的钟会就十分欣赏菊花，他描绘菊花时说，菊花的早植晚发，恰似君子的德性。菊花在严霜中怒放，象征着君子坚劲的品性。南北朝齐人卞伯玉盛赞菊花的节操，充分肯定了菊花凌寒吐芳的美好自然属性。文人多怀有一种“穷则独善其身，达则兼济天下”的思想，尽管世事艰难，文人心中也有隐退的愿望，但他们始终不肯放弃高远的目标。而菊花，正是最能体现这种人文性格的象征，它以独特的自然特性，如馥郁、凌寒、芳香等，与文人们追求的高远目标相呼应，成为他们心中理想的象征。

“采菊东篱下，悠然见南山。”(《归园田居》)

晋代陶渊明对菊花进行了深情的吟咏，使菊花成为士人双重性格的象征，并在诗歌和绘画中频繁出现。菊花所散发出的那种冲劲和宁静的气质，与诗人在经历了内心的痛苦和迷茫后所获得的精神宁静是高度一致的。同时，菊花也被赋予了儒家节义思想和道家清静无为的人生态度。因此，欣赏菊花已经变成君子自我满足的精神标志。

从园林应用的角度来看，菊花品种繁多、色彩斑斓、形态各异，为生活增添了无限的乐趣。在古代神话传说中，菊花被赋予了吉祥、长寿的寓意，常常成为组合图案中的吉祥符号。例如，菊花与喜鹊的组合表示“举家欢乐”，与松树的组合则成为“益寿延年”的象征。菊花的应用相当广泛，大到广场、街道、公共绿地，小到厅堂、走廊、居室，都可以看到它的身影。它常被用于布置花坛、花径或作为切花瓶插，也可以用于绑扎花束、花环、花篮或组织大型菊展等，在园林漏窗中也不乏菊花图案。无论是作为单独的装饰元素还是与其他植物搭配，菊花都能为环境增添独特的魅力。

5. 其他植物的象征寓意

在中国园林中，也常常选用其他植物材料来表达深远的意境。以宋代周敦颐的《爱莲说》为例，他将荷花比作“出淤泥而不染，濯清涟而不妖”的君子，从而提升了荷花在人们心中的地位。在中国古典园林中，荷花常常被用来营造景点的意境，例如苏州拙政园的远香堂和杭州西湖的曲院风荷等。“岁不寒无以知松柏，事不难无以知君子”，松柏的耐寒精神被比作君子的坚强性格。松树可以孤植观赏，也可以三五成丛、参差错落地种植，与山石相配，或者与竹、梅配置，更具画意。因此，园林中常有万壑松风、松涛别院等景观。松树与栎木、桦木、银杏、槭树等树种混交成林，在深秋季节，红、黄、紫、绿各种颜色相互映衬，别有一番情趣。松树还可作为配景、背景或组成框景。此外，玉兰、海棠、迎春、牡丹、芍药、桂花等植物则象征着“玉堂春富贵”。以上种种植物的应用，为我国植物景观留下了宝贵的文化遗产，同时也展示了中国园林艺术的独特魅力。

中国古人利用植物营造意境的文化成就，在今天仍然具有重要意义，值得我们继承和发扬。植物所具有的丰富寓意和立体观赏特征，使得文人居住的园林、庭院充满了诗意和美感。由于植物的可延续性，从景观文化遗产保护的角度来看，历史园林中的植物品种的保护是延续园林文化的重要环节。现代园林也更需要通过植物的意境表达，来体现城市文化、提升城市品位。这两者都需要认真考证和了解植物的寓意及其背后的神话典故，从而使不断演变的城市历史文化脉络在园林景观中得到延续与体现。

二、不同文化中的园林植物意象

植物所承载的象征意义往往与神话传说和宗教故事有着密切的联系。例如，枣椰树(海枣)在《古兰经》中多次出现，在伊斯兰教中有神圣特殊的意义；西番莲在基督教中被神化为耶稣受难的象征；莲和菩提在佛教中具有深厚的象征意义和寓意；枸橼是犹太教住棚节必备的植物。

许多古老的植物在不同的文化中有着众多的象征意义。在古代亚述帝国，葡萄被称为“生命饮料之树”；基督教中耶稣将自己比作“真葡萄树”，葡萄酒被视为“基督之血”；佛教将葡萄纹饰作为吉祥的象征。除了葡萄，苹果也在西方文化中也极具象征意义，古希腊神话和北欧神话都将苹果视为众神的圣餐；《圣经》中伊甸园里那颗智慧树通常被描绘为苹果树，夏娃偷食禁果，苹果因此被赋予欲望、诱惑、享乐以及智慧等多重意象。石榴在中国寓意多子多福，而在西方文化中常被视为富贵、美好、丰收和祝福的象征。

同一种植物也会因颜色、品种的差异而具有不同的象征意义。古希腊神话中，司爱与美的女神阿佛洛狄忒在海中诞生时，她身上的泡沫变成了一朵朵美丽的白玫瑰。而当得知自己爱恋的美少年阿多尼斯被野猪所伤，失魂落魄的女神奔跑着赶去，途中被玫瑰花刺伤了双脚，血溅在花上，白玫瑰就被染成了红玫瑰。从那时起，象征着炽烈爱情的玫瑰，频繁地出现在中世纪欧洲的故事、诗歌与绘画中。玫瑰在基督教中也扮演着重要角色，白玫瑰成为纯洁的圣母玛利亚的象征；而很多庄严的宗教仪式，会使用大量的红玫瑰花瓣，因为它象征着耶稣被钉在十字架上受难时洒下的鲜血。

植物的象征意义通常与其自然属性具有高度的一致性，并受到社会因素和民族传统文化的影响。莲花（荷花）以其独特的形态和深远的文化内涵，在全球范围内赢得了广泛的赞誉和尊重，成为一种世界性的文化符号。在古埃及文化中，莲花是太阳神的象征，代表着重生。在现存的古埃及神庙建筑和陵墓壁画中，莲花造型和图案比比皆是，随处可见。莲花是印度教和佛教的圣花，也是印度、越南等国的国花，在宗教和文艺作品中频繁出现，被视为纯洁、智慧的象征。

受到审美观念、文化传统等多种因素的影响，东西方园林中常用植物品种存在显著的区别，反映了文化的差异。通过对植物象征意义的分析，可以帮助人们更好地了解植物的内在含义，从而为园林设计提供更多思路和方法。

下篇：弦外有音

在20世纪最后的20年中，园林文化发生了一个重要的变化。这种变化源自1981年关于园林维护、保护、修复和重建的《佛罗伦萨宪章》的颁布。

在《佛罗伦萨宪章》颁布之后，园林设计出现了新的研究方向和观点，其关键点在于一个新的词语——博览(范围包括自然与人工，有机材料和无机材料)。随着时间的推移，对于该宪章界定范围的争论似乎终于有所减弱。然而，矛盾的产生永远值得研究。在笔者的目标里，希望它能反映出在当代条件下以景观设计为主的花园对传统花园的修复与创新。而本书的关键点是对历史纵向的探索、跨专业横向的触及，以及了解这其中的相关问题与意义。这包括从自然的环境到神圣的理念，从山到水，从天堂到人间，通过这些，显示出人们对于园林一种常规的认识，发现它内在的特质以及如何设计花园，使它能够穿越历史与文化。而这些思考来自笔者近20年对于这个专业的研究与思考，若能与读者产生些许共鸣，便是极高兴之事。

第七章

园林中象征与符号的文化缘起

第一节 象征与符号的概念界定

“大道本无体，何在文字间。”出自宋代诗人俞桂的《论诗》，其意为文字只是传道的工具、载体和符号，一切文化传播常常要通过符号来传递。可见，符号是构成文字语言、视觉语言的一部分，它向我们传递的是一种可以进行瞬间知觉检索的简单信息。而象征，则是用一种视觉图像或符号来表达某种思想，是对普遍真理更为深刻的记录。在很早以前，我们的祖先就运用象征手法来描绘宇宙、死亡、更新等事物和现象，可以说，从人类起源之初，象征物就是所有人的知识、经验和信念的集成，是人类行为的特征。同时，人类从一开始就凭借符号交流。因此，象征与符号是理解各种文化的钥匙。

一、象征的概念界定

《辞海》对于“象征”的定义是：①辞格之一，借用形象的具体事物表示抽象的事理或某种精神品质。②文艺创作的一种表现手法，指通过某一特点的具体形象来暗示另一事物或某种较为普遍的意义，利用象征物与被象征的内容在特定经验条件下的类似和联系，使后者得到具体直观的表现。根据其应用范围，象征可以分为公共象征和私设象征两类。公共象征是一个民族文化中常用的象征方式，而私设象征则是个人独特的象征方式。

《现代汉语大词典》对“象征”的定义是：①用具体的事物表示某种特殊意义。②用来表示某种特别意义的具体事物。③文艺创作中的一种表现手法。④迹象；特征。

象征思维中的“象”，在中国哲学中叫作“意象”。“意”与“象”是两个词，最早出现于《易传·系辞》：“圣人立象以尽意，设卦以尽情伪，系辞焉以尽其言，变而通之以尽利，鼓之舞之以尽神。”“意”与“象”合成的“意象”一词来源于汉代王充《论衡·乱龙篇》：“夫画布为熊麋之象，礼贵意象，示义取名也。”南北朝时期刘勰在《文心雕龙》中提出“独照之匠，窥意象而运斤”。自此，“意象”这一概念正式进入中国哲学和诗学的领域。在这些论述中，“意”代表心意、意蕴，“象”代表物象、事物的形象。“意象”则是心意与物象的结合，既可以理解为心意中的物象，或者说是心象，也可以理解为含有心意成分的物象。

在国外，“象征”一词早在古希腊时期已出现，但距离进入宗教用语或者运用在诗歌等理论中还较为遥远。它的原始含义起源于希腊语，意为一块书板的两个板块，两人分别拿一半，代表好客的含义。后被用于参与神秘活动者之间相互认识的标志——古代的通行证[①]。在中世纪时期，“象征”一词进入宗教以及艺术用语当中，例如鲍桑葵在《美学史》中所述：“这样的象征对于没有知识的人具有无比的慰藉和迷人的力量，同时他们已经

① 伽达默尔．美的现实性[M]．张志扬，译．北京：生活·读书·新知三联书店，1991.

传达了《圣经》中共同经验和共同希望的工具。”①

二、符号的概念界定

符号现象由来已久，古希腊和中国春秋战国时期，人们就注意到了符号现象，古希腊哲学家亚里士多德认为言语是在人的心灵中唤起观念的符号，亦如《庄子·外物篇》所言：“言者所以在意，得意而忘言。”

这是一种语言与事物之间存在着的表征与被表征的关系，符号可以借用某种媒介来代表或指代某一事物。符号学直到20世纪之后才成为独立的学科。现代符号学的起源有两大来源，一是语言学，二是逻辑学，两者的创始人分别是瑞士语言学家索绪尔和美国哲学家皮尔斯，他们以各自的理论建立发展了一套符号学理论，其他学者对符号学进行了补充和修正，自此使得符号学逐渐成为一门独立的学科。索绪尔从语言学的视角出发，对符号的社会功能做了深刻的探讨，他认为语言是一种可以表达观念的符号系统。索绪尔在符号学研究中区分了四组类型：能指和所指、言语和语言、句段和联想、共时态和历时态。索绪尔理论中最重要的一对概念是能指和所指，能指是某一种物质和媒介的指称，所指是被指的对象或涉及的事物，前者属于表现层次，后者属于内涵层次，即思想与观念，两者是密不可分的。

与索绪尔从语言的角度探讨符号学的社会功能不同，皮尔斯更关注符号本身的逻辑结构，他认为，符号学的范畴是以认识和思维判断的关系为基础的，任何判断都涉及对象、关系、性质三方之间的关系。把性质与感知联系起来，把对象和经验联系起来，把关系和思想联系起来，并且对应于媒介关联物、对象关联物和解释关联物联系。

象征与符号文化是一个国家、地区、民族和特定人群的历史积淀结果，是我们生活中常见的表达形式，包含于一切与人类生产活动相关的事物中，园林建造也不例外。象征与符号是含义丰富且外延宽泛的概念，在不同时期和不同地域中具有动态变化的特性，中西园林呈现不同的面貌，也根源

---

① 鲍桑葵．美学史[M]．北京：商务印书馆，1987.

于各自具有不同的理论特色和文化价值取向。象征文化因时因地而不断发展，需要我们进行动态的把握。

第二节 象征与符号的缘起

象征文化的产生离不开人们的生产劳动。萌芽于人类对命运、自然、宇宙的探求欲和控制欲，射猎场景、原始动物、太阳神等各式岩画中就充满着敬仰、畏惧、迷信的象征意味。随着人类历史文明长河的流淌延伸，基于"生活"这一人类本能，人们的思想观念不断成熟丰富，象征文化也在不断演进和发展。

人类开展的联想、创作等一系列活动，也可以看作象征文化产生的原因之一，如人们将北京天坛祈年殿的攒尖顶与天神相关联，将高耸入云的哥特式建筑尖顶与天堂相关联，将"精卫填海"与改造自然相关联。对中国画深有研究的艾尔米·普雷托尤斯说："所有的东方绘画，都可以看作象征，它们富有特色的主题——岩石、水、云、动物、树、草——不仅表现了自己本身，而且还意味着某种东西，有些东西在自然界事实上并不存在，它们既非有机物又非无机物，也不是人造物，东方艺术家们不是看到了它们，而是以象征来隐喻它们"，"在某种程度上，它们能在这个人或那个人的意识中再现出来，并得到解释"[①]。也就是说，中国画的作者与观者通过象征意义达成共同认识，其中蕴含的象征语言是人与人之间思想交流的重要桥梁。

一、地理环境差异

从地理环境角度看，东方文明最早在内陆大河流域起源并蓬勃发展。这里的大陆性季风气候非常适宜农业生产，因此，这里形成了一种封闭而

① 爱伯哈德．中国文化象征词典[M]．陈建宪，译．长沙：湖南文艺出版社，1990.

保守的农耕文化，也催生了东方人稳定有序的生活习惯和对土地的深厚情感，具有一种“静态”的特质。在中国这片广袤的大地上，多样的地形、气候和丰富的水文环境共同为中国文化的深厚内涵和多样性提供了极佳的发展环境。尤其是中华大地上那些壮观而险峻的自然景色，对中华民族的文化心态和审美观念产生了深刻的影响，塑造了中华民族早熟的山水审美观念，并为中国的自然山水园林提供了肥沃的土壤。

农耕生活日出而作、日落而息的节奏，使东方人逐渐培养出了对时间的强烈感知。他们认为人是宇宙万物之长，生命在于运动变化，所以对自然界有着深刻而又独特的理解与感受，并将其运用到园林建造当中，强调园区内四季的风景变化和季节的循环意义，如园区内的四季假山设计等。园林是人类创造出来的一种人工环境，它既为人们提供休息娱乐的场所，又能给人带来精神上的享受与愉悦。

相较于东方文明，西方文明起源于古希腊和古罗马，具有开放的海洋地理环境，它以大陆为中心向四周辐射扩展。由于岛屿数量庞大、土壤贫瘠以及光、热、水和土壤的组合不佳，农业耕作面临诸多困难，因此需要从国外进口粮食以及从海洋中寻找生活所需资源。在这样的背景之下，人们培养出了冒险和探索的精神，塑造了一种“动态”的文化属性，并重视对大自然的塑造。

在古埃及，降雨量较少，大型森林并未形成，只有少数的森林生长在洪水泛滥时不容易被水覆盖的台地上。由于气候干燥，地面上几乎找不到任何遮阴物。对于生活在热带地区的古埃及居民来说，遮挡着炙热阳光的树荫具有极高的价值。因此，大家都非常珍视树木，并对植树造林表现出浓厚的兴趣。古埃及的园艺事业以培育树木为核心，取得了显著的进步。古王国时期的第四、第五王朝及中王国时期的第十二王朝是古埃及园艺发展的鼎盛时期，当时的林地主要以树木园、葡萄园及蔬菜园等实用性花园为主。

此外，由于海上活动，西方人对地理方位和空间布局的感受较为强烈，因此西方园林艺术非常注重空间的布局和空间感的体现。相比之下，中国的城市布局方正严谨，如西安、北京等城市，这是君主专制制度的产物。在这种制度下，一些士大夫和文人想要逃避封建君权和礼教的束缚，追求自然仙境般的生活，因此他们把园林造得幽静雅致，成为他们表达意象和追求精神生活的重要形式和象征。而欧洲城市的布局则相对曲折，如法国、意大利的一些城市，这是封建分裂状态下的产物。在这些城市中，新兴的资产阶级和一部分贵族希望建立秩序严谨的君主专制政体来发展经济，因此他们造的园林也是方正规整，以表达他们的政治追求。

二、文化差异

1. 哲学观差异

自园林诞生以来，其发展深受不同时期、不同地区、不同人群的文化影响。在不同的时期和地区，人类的态度在神话、传说、礼仪、社会结构和经济利益等方面都有所体现。这些态度影响了空间的组织和内部设计的形式，从而使文化习惯得以合理化和本能化。这种文化逐渐成为一种盛行的共识文化，从而限定了文化的发展方向。社会文化对象征的含义有着持久而深刻的影响。在东方，红色代表着喜庆与尊贵，而在西方红色却代表着不祥；在东方文化中，竹子代表着高尚、谦逊的君子品质，但在西方却没有这样的说法。文化具有广泛的内涵和外延，但其诞生的土壤和作为文化精神核心的哲学范畴是其根本。隐藏在物质文化、制度文化和精神文化背后的是地域内的根本文化，即哲思本体。在公元前800年至公元前200年，中国、希腊、印度等地出现了精神文明的空前繁荣。此时，“道”与“逻各斯”的概念也同时出现。它们作为中西方文化思想和哲学本体论的重要范畴，为两大文化体系的建立奠定了基础。尽管相似的本体范畴存在于不同的文化体系中，但它们导致了不同的文化体系。

2. 美学观差异

中西文化在审美品位上有着显著的不同，这种差异主要体现在“重人”与“重物”的观念上。在中国文化中，人们更倾向于表达情感，重视意境的构建。他们将自然与人融为一体，认为只有通过“悟”，人们才能真正体验到意境。这种“悟”是人的一种思维过程，“景无情不发，情无景不生”，中国园林的经营核心是追求意境。在西方文化中，人们更倾向于写实的艺术形式，他们认为大自然是为人类服务的，并可以被人们所支配。西方的造园主要以造型为主，讲究空间关系及构图布局等因素，对环境有较高的要求，因而形成了独特的风格，具有一定的科学理性和艺术性。

从美学的角度看，中西方园林之间的显著差异主要源于“重情”与“唯理”的观念。西方人重视理性在实践中的引导角色。公元前6世纪，毕达哥拉斯学派首次提出被广泛认知的“黄金分割定律”，认为事物的美在于其比例关系。在园林设计中体现为对自然形态进行抽象处理，创造出和谐统一的艺术效果。欧洲的几何设计风格正是在这种“唯理”审美观念的驱动下塑造出来的。中国古典园林艺术也是以自然为基础的审美，其主要特征是追求和谐之美，并通过各种手段来表现这一美的境界。相较于西方，中国的古典园林在很大程度上受到绘画和文学的影响。中国画，特别是山水画，对中国的园林艺术产生了深远和直接的影响，为其提供了宝贵的指导，可以认为中国园林的发展始终沿着绘画的路径前进。在画论中，最核心的原则无疑是“从外部的造化中汲取灵感，从内心深处激发情感的根源”。山水画和园林都源于生活，但二者在表现方法上存在差异。自古以来，人们常说诗与画有共同的起源，诗是无形的绘画，而画则是有形的诗歌。诗歌与园林有着密切的联系，诗人的审美追求往往通过园林景致表现出来。诗歌在园林设计中的作用，也反映在“缘情”这一方面。诗情画意不仅能使园林景观更加生动逼真，而且还可以使人产生一种美的享受和艺术感染。

第八章

园林中形式与符号的造园要素：植物

纵观世界园林发展史，可以看出园林的起源与人们利用和栽培植物有着密切的关系。在历史的发展过程中，园林的构成要素也得到了丰富与发展，园林的规模有大有小，造园材料有多有少，但都离不开树木花草。中国古典园林，特别是私家园林，虽然植物比重不大，但它仍然是构成园林景观必不可少的要素。北京的颐和园和承德的避暑山庄等皇家宫苑，主体建筑也只占一小部分，更多的是自然山水和植物。在欧洲园林中，不论是花园或林园，更是以植物为主要造景手段，另外还有专门的植物园。可以说，植物与园林不可分割，离开了树木花草也就不是园林艺术了。植物往往因其特殊的形态、色彩、质感构成特殊的空间形式，并成为园林空间中重要的组成要素，给予游人情感体验并能满足其审美需求。

第一节　植物的象征意义

在中国传统文化中，花和树是人们赋予丰富文化信息的载体，也是托物言志时常常使用到的媒介[①]。运用园林植物进行意境创作，是中国传统园林的一个重要特征，也是一种珍贵的文化遗产。中国的植物种植历史源远流长，在诗词歌赋和民风民俗中留下了许多关于植物的优美篇章，在天人合一传统思想的影响下，人们对植物的欣赏也逐渐从形式美发展到了意境美。

植物常被用来以其自然属性比喻人的社会属性。人们倾注花草树木以深刻的感情，表达自己的理想、品格和意志，又或将花木人性化，将其视为有思想的物体，用以抒发情感、排遣抑郁。当植物造景作为符号语言运用到园林景观中，可侧面反映园主人的生活志向与内涵修养，例如顺德清晖园碧溪草堂的外墙有一块"轻烟挹露"砖雕，上面刻着猗猗绿竹，显示出园主人"未出土时先引节，凌云到处也无心"的志向心迹。在景观设计中可以借助植物来表达情感，松柏古朴苍劲，能在寒风中屹立于山巅；梅花不畏严寒，傲雪盛开；竹子正直不屈，坚韧不拔，因此松竹梅常被视作坚贞不屈、高风亮节的象征和符号。美国学者拉普卜特认为，人通过领悟环境的意义来对环境做出反应，从环境心理学的角度看，物质空间的人性化设计可以满足人们使用方便、寻求心理平衡、增加社会交往和感觉舒适等需求。

在商周时期，我国就已经有了关于观赏植物的记载。《诗经》是我国最早的一部诗歌总集，在其305篇里竟有超过130种花草被提及[②]。根据《诗经》等文字记载，在西周时，观赏植物已有栗、梅、竹、柳、杨、榆、栎、桐、梧桐、桑、槐、枫、桂、楮、梓、桧、楙、兰、蕙、菊、荷、女贞、茶花、芍药等种类。人们不仅取植物外观形象之美姿，而且还注意到其象

① 曹林娣，许金生．中日古典园林文化比较[M]．北京：中国建筑工业出版社，2004．

② 周武忠，陈筱燕．花与中国文化[M]．北京：中国农业出版社，1999.

征性的寓意。《论语》中就有："哀公问社[1]于宰我，宰我对曰：'夏后氏以松，殷人以柏，周人以栗，曰使民战栗。'"以松、柏、栗分别代表三朝神木，可见此类树木具有浓厚的象征寓意和非比寻常的神圣色彩[2]。

《西京杂记》中提到武帝初修上林苑时，群臣从远方进贡的名果异树就有2000余种，上林苑无异于一座特大型的植物园。

西方的造园师也会在花园中栽植具有一定象征意义的植物，植物的象征含义通常与神话和宗教故事紧密相连。例如，在《圣经》中，葡萄藤是诺亚在洪水退去后种植的第一株植物。随着时代发展，各种花木逐渐形成了各自独特的象征含义。在许多情况下，不同的植物因其自然的特性而具有特定的象征意义，当然，也有一些花的含义不只一种，或是因颜色不同而具有不同的含义。例如前文提到，玫瑰作为西方经典花卉，象征着神圣、浪漫和爱。白色玫瑰代表纯洁和童贞，而红色玫瑰则代表冲动和欲望。

第二节 中西园林的植物配置艺术

一、中国园林的植物配置

中国园林的植物配置方式主要为模拟自然景观、协调植物与园林其他要素之间的关系、烘托土山气氛、以诗词配置植物、以中国画画理配置植物以及根据民间风俗配置植物。

1. 模拟自然景观

中国古典园林作为自然的化身，将山水之美发挥到极致，讲求师法自然，即在很小的面积中模拟自然景观，创造"壶中天地""咫尺山林"的意

① 社，即社木，意为神木。

② 周维权．中国古典园林史[M]．2版．北京：清华大学出版社，1999.

境，具有独特的时空观。

2. 协调植物与园林其他要素之间的关系

中国园林中常用植物衬托山石、水体、建筑、园路，甚至用植物命名之。以西安交通大学兴庆校区的樱花道和梧桐道为例，西安交通大学东花园西侧和西花园东侧栽种了很多樱花树，交大的樱花美景早已成为每年春天的赏景“必修课”，由于整条路全是樱花，故命名为樱花道。与之类同的是西安交通大学兴庆校区东西两条主干道路两侧均以梧桐树为行道树。20世纪50年代，坐落于上海的交通大学开始西迁的征程。当时的校长彭康很重视校园环境建设，许多珍贵花木都是直接从上海运至西安的。如今的梧桐道起初栽植的是柳树，后来为了适应主干道绿化需求，全部改植生长快、树形美观的梧桐树。在我国传统文化中，常用“梧桐”这一意象形容品行高尚之人，又有“凤凰非梧桐不栖”比喻优秀人才在良好环境下得以施展才能，“梧桐”这一意象也有了广纳贤能之意。而西安交通大学的这两条主干道也因梧桐而命名为梧桐东道、梧桐西道。

3. 烘托土山气氛

土山除自然缀石外，主要是以植物配置而衬托出山林气氛的。利用植被来补充土山形势是非常重要的，在山麓主要种植地被植物，并适当配以小乔木，这样可以遮挡平视的视线，突出山势的隆起，避免看到整个山岗，营造出深邃莫测的蜿蜒山径；在山腰部位，增加高大乔木的比例；而在山顶则多植乔木，并适当搭配灌木。这些植被在平视时能看到层层树干，增加山林的景深感；仰视时可以看到枝丫交错，浓荫蔽日；俯视则能观察到山石嶙峋、枝干盘曲，四周树冠低垂至脚下（主要由灌木组成），这些元素共同描绘出山巅岭上、林莽之间的壮观景象。

与土山相反，石山则少量配置植物，重在表现叠石之美。石山因其怪石嶙峋而独具特色，但由于土壤稀少，植被难以生长，因此叠石成为展现其美的重要手段。在进行叠石造山时，通常会选择适当的位置留出花台，以点缀竹木花草，增添生机。不过，一般来说，山体规模应大于植物体，以突显山体的壮观和重要性。

“芍药宜栏，蔷薇未架；不妨凭石，最厌编屏”。（《园冶》）

对于花木而言，叠石起到了支撑和衬托的作用，为花木提供了生长的支撑和展示的背景；而对于叠石来说，植物的装点使其充满生机与活力，同时遮挡了叠石可能存在的缺陷，起到了掩饰不足、增强整体美感的作用，进一步突显了山石的雄浑气势。

4. 以诗词配置植物

这种方式是中国园林别具一格的植物配置方式。中国园林中常常出现诗词、书法等汉字的视觉形式，或以诗词对园林进行命名，例如苏州怡园南雪亭四处多梅，亭名出自杜甫诗句“南雪不到地，青崖沾未消”；玉延亭原有一片竹林，取“万竿戛玉，一笠延秋”诗意为名。楹联匾额同样是园林象征符号中较为特殊的一种，它通常是从古文诗句或名人典故中得来，并以文字的形式直接向园内的观赏者传达园林的主题。楹联匾额言表抒情含义深邃，通常反映了园林主人的审美观念和园林景观的文化底蕴，它与景观互为补充、互相衬托，楹联匾额所蕴含的文字符号不仅推动了景观植物的营造，还可以推动观赏者对于园林主题的认识，是中国园林景观中不可或缺的装饰艺术。如苏州拙政园内的听雨轩，其名取自南唐李中《赠朐山杨宰》“听雨入秋竹”，于轩中静观蒙蒙雨景，耳边听着雨打芭蕉的淅沥之声，展现出一种别样的朦胧意境。荷风四面亭(见图 8－1)的抱柱联为“四壁荷花三面柳，半潭秋水一房山”。全联句式仿济南大明湖刘凤诰所撰名联“四面荷花三面柳，一城山色半城湖”，原联挂汇泉寺薜荔馆，此馆面湖而立，游人至此，可坐观全湖胜景，故联语贴切佳妙，自然流利。荷风四面亭此联借用了原联出句，只改一“壁”字，对句则化用唐李洞《山居喜友人见访》“看待诗人无别物，半潭秋水一房山”句，依然保持原联妙处，对仗工稳。其妙处在于：联中蕴含一、二、三、四序数，“一房”“半潭”“三面”“四壁”，此其一；联语描绘了四季之景，“四壁荷花”乃夏景，“三面柳”即春色，“半潭秋水”自是秋天，“一房山”指树叶凋零，山形倒影于池中之冬景，此其二。联中“半潭”，本指月牙形的池子，此可指被两座曲桥分割成三部分的池面，也还贴切。在此赏夏日之景应最为可人，有周瘦鹃《望江南·苏州好》一词为证：“四面荷风三面水，红裳翠盖满池心。炎夏惬幽寻。”

图 8－1　苏州拙政园荷风四面亭

5. 以中国画画理配置植物

中国传统山水画的创作灵感来自自然山水，同时也用于模拟自然山水，丰富了造园的植物配置艺术形式。例如中国园林的造园过程，讲究的是株距无一相等。虽然树木之间的距离不等，但遵循统一的原则，即树大者距离宽，反之则小。在中间位置树木较为稀疏，而周边的树木则较为密集。这种栽植方式与中国画的植物画理相通。画诀“植树不宜峰尖”也是布置园林景观必须遵循的。不栽树在峰尖，一是为了突出峰峦丘壑的美景，使山景显得更为雄奇；二是如果在峰尖植树会违背常规，对于假山来说也会增加工程的复杂性，因此要保证山体的安全，也不会在峰尖植树。

6. 根据民间风俗配置植物

民间流传着许多根据植物特点将其配置于园景当中的风俗，例如根据植物的吉祥寓意配置植物、根据植物名称的谐音配置植物、根据解字配置植物等。

在中国园林中人们常常会栽植具有吉祥寓意的植物，以为趋吉避凶。寓意吉祥的植物有很多，例如松被视为百木之长，象征长寿；栽种石榴树，以求多子多福；栽种合欢树，寓意阖家欢乐；栽种紫荆，象征兄弟和睦；在园林景观中常借荷、竹、松、梅、菊、兰等植物寓意表明园主品质。

根据植物名称的谐音配置植物，即取植物名称的谐音以比喻某种祥瑞。以五代徐熙的《玉堂富贵图》为例，玉堂富贵的配置是指：取玉兰(玉)、海棠(堂)、牡丹、桂花(贵)同栽于庭院中，其中除牡丹是取义外，其余均取花名中一字之音或谐音。“前举人后仆人”的配置，即大门前、照壁前或轿厅前对植榉树，后院、后门旁则种朴树，前门植榉祝愿子孙读书能中举，后门植朴意为有仆人伺候①。同样，在植物配置中亦会因植物的谐音不吉利，而被排斥于园景之外。例如桑树，桑与丧同音，故宅园中不会栽种。

根据汉字的解字配置植物，评判吉祥与否。例如在当门中心处植木被认为是不吉利的，因为这与汉字中的“闲”字相呼应；如果在方圆地的中心有树，即为汉字中的“困”字。

花草树木各有独特的生物习性，因此在园林配置时需确保它们各得其所，布置合理，并满足各自的生态要求。经过漫长的园林建设历程，中国园林形成了独特的植物配置程式，如栽梅绕屋、堤弯宜柳、移竹当窗等，这些程式反映了中国园林植物配置的独特风格。

二、西方园林的植物配置

在文艺复兴时期，植物被用来连接建筑与周边的景观。在意大利文艺复兴时期的花园中，石头、常绿树木和水是三个最重要的造园元素。园内的树木主要以常绿树木为主，它们被密集地种植在园路的两旁，并被修剪成绿廊或绿墙。而行道路的两旁则种植着黄杨或柏树，它们被修剪成方形的绿篱。在种植植物的美学审美方面，由于对自然美的追求不断深入，法国和意大利风格的植物修剪受到了指责，人们开始渴望把植物的自然形态表现在花园中。

18世纪，英国著名诗人亚历山大·蒲柏在《卫报》上严厉地批判了

---

① 一般榉树旁会配置石头，即硬石种榉，寓意“应试中举”。

修剪花草的做法："我们都致力于削弱自然的美，我们不仅将植物修剪为完美和规则的几何形状，甚至荒谬地将其修剪为造型可笑的人物和动物……"正是人们对植物审美的变化和对自然美的追求，使得18世纪的园林中的树木都能维持其多样的自然形态，给花园增添了丰富的美感。

总而言之，西方园林中具有代表性的法国花园和意大利花园的植物配置与中国古典园林有很大的不同，在18世纪之前的西方园林中，很难看到天然的、姿态随意的树木和花卉，而是规整的排列组合，这些植物都是按照人类设计的图案种植的，并经过人工处理，有些被修剪成几何形状，有些被修剪成动物图案。

英国园林是继意大利园林和法国园林后欧洲园林发展史上的第三个高峰。18世纪中叶，法国规则式庭园开始没落，英国园林在意大利园林和法国园林艺术的基础上，吸取借鉴了中国园林的某些思想和形式，创造出一种独特的自然风景式园林艺术风格。这种新的园林风格不仅在形式上将园林景观与自然环境相互融合，打破了以往园林与自然相对分离的状态，而且在内容上摆脱了仅仅展示人工工程之美和人工技术之美的局限，形成了自由的形式、简洁的内容和美化自然的新风格。英国风景式园林的形成，其意义不仅在于形式上的创新，更在于它为我们提供了一个全新的视角来看待人与自然的关系，拓展了人类的审美视野，从而拓展了园林的发展空间。

18世纪前西方传统的规则式园林的植物配置方式多为几何化的理性表达方式，例如绿雕塑术、结纹园、植物迷宫、植物凉亭等。

绿雕塑术是将树木修剪成人工装饰形状的技术，这种技术起源于古罗马，当时在园林中经常修剪乔木和灌木，用作花坛的边缘、绿篱或其他装饰。最初的绿雕塑术只是简单地将矮生黄杨的边缘进行修饰，即形成了现在的绿篱，同时它们也具有划分空间的作用。后来，人们开始使用绿篱来代替围墙，常用的植物有女贞、有刺灌木、玫瑰和紫杉等。

结纹园是一种精心设计的花园，由矮生绿篱构成复杂图形。结纹分为开结和闭结两类。开结是将欧洲黄杨、迷迭香、神香草、百里香及其他植物修剪成线条状，其图案样式包括几何形状、动物图案、图徽及其他形状。闭结则是在花坛上将植物排列成线形，各线形间种植同一颜色的花卉，整体看起来就像是由各种彩带组成的美景。

植物迷宫最早可以追溯到古罗马时期。在中世纪的寺院和教会园林中有植物围成的迷宫，其宗教寓意在于，在迷宫中只有一条指引我们走向纯洁和正义的路径。然而，在法国园林中，植物迷宫被转化为一种几乎只是提供娱乐的世俗设施。

植物凉亭也可翻译为凉亭、游廊、绿廊。中世纪的凉亭只是在庭园内用栅墙围出一块地方，里面铺设草坪和种植树木，主要是为了营造一个安静的环境。

18 世纪的英国自然风景园林主要建在宫苑周边的宽阔空地，使皇家贵族能够尽享其中。这样的选址能够确保园林免受特定场地环境的限制，进而营造出宽广而宜人的花园空间，例如霍华德城堡花园、布伦海姆宫花园及邱园等。由于英国的地形千变万化，园林的选址涵盖了丘陵、平地及水面等多种形式，这些不同地形间的对比与差异为景观创造了美妙的视觉效果。在处理地形方面，自然风景园林的设计摒弃了传统园林削高填低、整平土地的手法，转而利用和尊重自然的地形、地势变化，依坡种植，因地制宜。同意大利和法国园林中树木的规则行列式种植相比，英国园林除了少数刻意保留的林荫大道以外，多数为不规则的孤植、丛植、片植(见图 8－2)。

图 8－2　斯陀园中孤植的大橡树

第三节　园林的植物感知特征

在欣赏景观植物的过程中，人的视觉、嗅觉和触觉在识别植物景观美感中起着主导作用，而听觉和味觉则是影响识别植物景观美感的次要因素，通过生理感知植物的形色、气味、声音和质地可以帮助人们对景观植物的欣赏从审美感知上升到理解意象。

一、植物形色

《山水松石格》中的“秋毛冬骨，夏荫春英”正是对植物呈现出不同季相美的综合概括。植物是持续变化的，随着季节的更替其颜色与质地会不断变化。在园林景观配置中，设计师常通过植物营造季相的变化，选取具有不同季节特点的植物来表现春夏秋冬四季景象。常见的春季观赏植物有白玉兰、迎春花、海棠、连翘、丁香、樱花、桃花、杜鹃等；常见的夏季观赏植物有悬铃木、蓝花楹、鹅掌楸、香樟、合欢、广玉兰等；常见的秋季观赏植物有桂花、鸡爪槭、银杏、红枫、榉树等；常见的冬季观赏植物有蜡梅、火棘、无刺枸骨、白皮松、五针松、南天竹等。植物还可以与山石等其他景观要素搭配，比如黄石和秋色叶树种可以构成“秋风萧瑟天气凉”的秋景。

西方有关景观色彩的研究多集中在植物颜色的搭配上。英国园艺家格特鲁德·杰基尔在《花园的色彩设计》一书中对园林植物的颜色应用进行了探索(见图 8-3)，主要从植物颜色的角度来探讨其对城市色彩、庭园色彩与建筑色彩的作用，使人在景观环境中感受到更多的乐趣和享受。

图 8-3　植物形色示意图

许多有特殊含义的动植物也被广泛地应用于园林景观中，并成为景观的象征符号。比如竹子之于个园，其象征意义就很明显了。个园中布置了大片竹林，这些竹子不仅提供了绿意盎然的景观，还象征了园主人清高的品格和追求自然的情怀。再比如柳浪闻莺之于西湖，池边栽柳、鸟鸣啁啾本是常见景观，但唯有西湖柳浪闻莺最负盛名，因其在南宋时期为皇家御花园，如诗如画的景致和浓厚的历史文化氛围使其成为西湖的标志性景点（见图 8-4）

图 8-4　西湖柳浪闻莺

对于供人欣赏的植株应进行后期维护以突出其象征性。例如松柏常青的枝条与枝叶象征着长寿，梅花的傲雪盛开象征着高洁，这些具有象征意义的植物局部特征若被人为地加以修饰和培养，能够更好地表现园林的主题。

二、植物芳香

据资料记载，园林中种植观赏性芳香植物最早出现在公元前670年左右，亚述巴尼拔的游乐园中种植了较多芳香植物用于观赏[①]。中世纪，芳香植物在修道院中广泛种植，芳香植物的栽培逐渐盛行起来。到文艺复兴初期，由于对芳香植物的热爱，人们开始在庭院中大量种植香果类芳香植物[②]。凡尔赛宫栽植了大量芳香植物，如百里香、鼠尾草、迷迭香等，被称为“芳香的宫殿”。

芳香植物同样具有象征和符号意义。“三秋桂子，十里荷香”一语便道出了玄妙横生、意境空灵的桂花和荷花清香之韵，“朔吹飘夜香”也是用来描述花草芬芳的。芬芳的香气常常会对人的心境产生很大的影响，因此，芳香植物的造景手法被广泛地运用于园林景观中，借助风的传播效果，营造出一种“遥遥十里，递香幽室”的美妙意境。随着中国古典园林的发展，观赏型芳香植物在园林中的运用越来越广泛，而其所蕴含的文化内涵和象征意义也对中国古典园林艺术产生了一定影响。比如拙政园中以荷花为主体观赏物的远香堂；留园里因桂花而建的闻木樨香轩；狮子林中为赏梅而建的问梅阁；圆明园里因荷花而建的曲院风荷等。又比如北京颐和园乐寿堂，乾隆时期，这里种满郁郁葱葱的玉兰，花白如玉，香气如兰，淡而优雅，因此这里又被称为玉香海。

从园林景观的命名与观赏型芳香植物的完美搭配可以看出，许多具有观赏价值的芳香植物在古代就为人们所熟悉和喜爱，并且在园林中得到了广泛应用。观赏型芳香植物由于具有独特的香气和丰富的文化内涵，有利

---

① 针之谷钟吉．西方造园变迁史：从伊甸园到天然公园[M]．邹洪灿，译．北京：中国建筑工业出版社，1991.

② 郦芷若，朱建宁．西方园林[M]．郑州：河南科学技术出版社，2001.

于营造意境，因此受到造园者的青睐，是中国古典园林不可或缺的造园要素。

科学研究发现，大多数的植物香味有一定的保健作用。挥发性气体的渗透能力和扩散能力很强，植物香味通过呼吸、皮肤等途径进入人体，对人的身体和精神有一定的刺激作用，可以促进血液循环，让人心情愉快，增强免疫力，还能杀死细菌、净化空气，创造有益于人类健康的环境，因此在保健型园林中得到广泛应用。

三、植物音韵

植物本来是无声无息的，却通过与风、雨的互动，形成了一种特殊的声韵，其中蕴含着丰富的象征意味。无锡惠山听松石床是江南著名的赏声名景之一。

“千叶莲花旧有香，半山金刹照方塘。殿前日暮高风起，松子声声打石床。”(《惠山听松庵》)

听松石床横卧在原惠山寺大殿月台东北听松亭内，石旁原有两棵六朝古松。关于“听松”有多个版本的传说。一说靖康之变后宋高宗赵构仓皇南下，路过惠山，于此石床过夜，夜半时听到风撼松林，声如波涛，似是金兵追赶，吓得落荒而逃。一说完颜宗弼被岳飞打败，溃退到惠山时，筋疲力尽，偶见山中石床，倒头便睡，夜半听得松涛齐鸣，吓得从梦中惊醒。传说已不可考，但风过松林涛声如雷确是奇景。《世说新语》亦有“肃肃如松下风”，用“肃肃”形容松风凛凛，象征着刚直不阿的人格。

刘禹锡在《庭竹》中描写竹风“风摇青玉枝。依依似君子”，通过描绘一种风吹竹动的景象来赞美竹中所蕴含的君子品质。此外，象征离别之情的柳风和象征田园情怀的麦风，都是园林造景中常见的象征意象。

风过枝梢留得响动需要风的助力，而淅淅沥沥的雨滴落在植物上同样会发出悦耳的声音，比如雨打芭蕉和残荷听雨。芭蕉扶疏似树、高舒垂阴，多栽于窗台、墙角，是中国古典园林中一种具有浓厚诗情画意的植物。在阳光明媚的日子里，芭蕉叶像是伞，在窗户上投下一道道绿色的阴影；而在下雨天，雨打芭蕉的声音更是让人陶醉。拙政园的听雨轩就是典型的夜雨芭蕉景观，听雨轩院子里的池塘边栽种着一些芭蕉，恰到好处地营造了雨打芭蕉的主题环境。在池塘里栽荷是中国古典园林的一种传统（见图 8-5）。荷花出淤泥而不染，叶片圆润，芬芳扑鼻，是一种极好的观赏植物，夏末雨水充沛，可以欣赏到朦胧的雨景，听到雨滴落在荷叶上的滴答声，残荷听雨就是赏荷的绝唱。

图 8-5　苏州拙政园荷花池

第九章

园林中形式与符号的造园要素：山石

第一节 中国园林中的山石要素

中国的古典园林艺术因其独有的自然景观和山水园林设计而广受赞誉。山水与园林之间有着不可分割的关系，山水构成了中国古典园林的基础框架。宋代画家郭熙认为石头是天与地的骨架。这种认为石头在自然景观中起到核心作用的观点，激励了中国人在园林设计中使用天然石材。在中国的园林景观中，既存在真实的山峰，也有模拟的山石。真山水与假山石的结合创造了不同风格的园林景观。承德的避暑山庄与苏州的天平山高义园均为真山水园林的经典，而在中国的大部分古典园林设计中，山通常指假山，人工造山的方式在中国传统园林设计中占据了显著的位置。

在中国园林中，假山叠石因其独特的审美价值和独立的造景作用而备受关注。这些假山叠石的灵感往往来源于著名的山脉，而中国也是盛产石材的国家，造园家们利用不同形状、色彩、纹理和质感的天然石材，在园林中创造出各种峰岩壑洞，唤起人们对山岭的联想，使人们仿佛置身于大自然的群山之中。因此，假山叠石成为中国古典园林中极具表现力的要素之一。

一、远古时期的台

中国园林中假山的雏形是商末周初帝王苑囿中的台。

远古时期，人们没有充足的科学知识理解自然界的变幻莫测，所以对于自然界中的事物保持着敬畏之心。山是自然界中体积最庞大的物体，它高耸入云，似乎具有一种令人无法抵挡的强大力量。因此，在中国古代，人们对高山抱有极高的崇敬。我国古代劳动人民很早就认识到山对人类生活的重要意义，并把它看作与天和地同等重要的神圣之物。商代的卜辞文献中已经出现了对山岳的崇敬和祭祀活动。山岳被神化，受到人们顶礼膜拜。然而这些神圣的山脉终究距离遥远，登山亦是一项艰巨的任务。于是，高台应运而生。高台是仿照山岳而建的，人间的帝王可以通过建造高台来与天界的神祇建立联系。因此，帝王们热衷于建造高台，形成了盛极一时的筑台之风。历史上著名的台有周文王的灵台、周灵王的昆昭台、楚庄王的层台和吴王夫差的姑苏台等。这些台上建造的房屋称为榭，除了与神明沟通，还可以登高远眺，欣赏美景。“美宫室”和“高台榭”成为当时的流行风尚，这种具有通神、观游功能的高大建筑逐渐与宫室、园林相结合，成为宫苑中的主要构筑物。中国园林诞生，与囿和台的结合密不可分，可以说，中国园林中的假山自始至终与中国园林的发展相同步。

二、秦汉时期的远景式假山

中国园林中，以游赏和休憩为目的的假山营造始于秦汉时期。此时的堆山叠石模仿自然真山，突出自然山体高大雄美的特征，方法较为粗放。

秦代兰池宫所确立的蓬莱山水模式以及“弥山跨谷，辇道相属”的大规模叠山，开中国古典园林人工堆山之先河。汉武帝建章宫园林区是历史上第一座具有完整三仙山模式的仙苑式皇家园林，它继承并完善了秦代兰池宫以来挖掘池塘、筑造岛屿的山水模式。《史记》《三辅黄图》等文献均记载汉武帝于建章宫西北冶大池，池中堆筑蓬莱、方丈、瀛洲三仙山等事例。

周维权在《中国古典园林史》中认为，兰池宫是中国园林史上最早的蓬莱山水庭园，它开创了池中筑岛、刻石为鲸等造园先例。而将池中筑岛发展为一池三山的固定模式并流传后世者，则始于西汉武帝，建章宫是其中的显例。这一模式在后世皇家园林中成为园林山水构成的主要方式，一直沿袭到清代。

三、魏晋时期的近景式写实假山

魏晋时期战乱频发，社会动荡，文人士大夫大多寄情山水，追求繁华便利与山林野趣并存的居住环境，重视人工山体的近观造型和层次丰富的艺术效果，叠山手法也日渐发展、复杂多变。在造山活动上，汉代的象征性海上神山已经无法满足观赏需求，人们希望能有一种既不破坏环境又具有天然美感的山地园林出现，并期望这种园林能够与自然环境相融合。因此，具有象征意义的壶形土山逐渐朝着模仿自然山水景观的方向演变。这一时期出现了大量模仿自然景观的园林作品。除此之外，人们还在人造的假山之上构建了楼阁等多种建筑形式，实现了建筑与人造山水的有机融合，满足了人们在园中观赏、游览和居住的需求。

华林园是曹魏皇家园林，位于洛阳，其人工筑山的部分在园中占据了显著的位置。郦道元《水经注》卷十六《谷水·芳林园》明确记载了曹魏华林园在初建时就有"九谷八溪"之胜[①]。华林园内的景阳山是一座设计精美且构造复杂的人造山，它象征着中国古代造山艺术的巨大进步和转变——将自然山体改造为人造园林。这座人造山的诞生标志着堆山叠石在中国古典园林艺术中的核心地位逐步被确认，也象征着中国的园林艺术开始向近景式的写实艺术风格转变。

---

① 曹魏华林园到了北魏郦道元时代已经逐渐荒芜衰颓。不过，据郦道元记载，华林园的蓬莱山和文帝九华台、茅茨堂等景观至北魏尚存。华林园原名芳林园。

四、隋唐时期的山石审美

隋唐时期，古典园林堆山叠石艺术快速发展。随着隋唐时期科举制度的完善，众多的底层地主和士人通过科举考试进入官场，成为新一代的官僚和士大夫，这种转变对中国的园林艺术产生了重要影响。在整个封建社会里，以士人为主的造园活动是极为普遍的现象，尤其体现在隋唐五代时期。与汉魏晋的氏族门阀和皇家园林相比，隋唐园林数量非常庞大，广泛分布在市井之中。文人经科举入官场，但经济条件依然有限，这使得他们无法进行大规模的山水田园建设，因此，文人更偏向于在市井之间构建精美的山池。此时出现了一种小型园囿——叠石亭，用以满足文人休闲娱乐的需求。白居易和其他一些文人以“十亩之宅，五亩之园”作为口号，追求以小见大的艺术境界，而不是通过庞大的规模来展示他们的财富。为了在有限的园林空间中呈现出宏伟的景象和无限的意境，甚至是表达文人对“小宇宙”的向往，因此，以小见大的写意叠石应时而出。

唐长安城，地势变化明显，皇宫内苑的宫殿和楼阁便可以俯瞰远方，因而此一时期人工造山的情况并不普遍，而许多人已经认识到山石所具有的审美价值，并将其特意放置在园林或盆景中以供人们欣赏。1971 年出土的陕西乾陵章怀太子墓壁画中，有一幅侍者手托盆景的图案，盆中的构景石头清晰可见。

五、宋代山石审美

宋代，造园艺术在摹写山水方面逐渐走向成熟。唐代文人士大夫爱石、品石、咏石的文化心理传统在宋代愈加流行。苏轼是文人画家，亦是赏石名家，他热爱石头、收藏石头、欣赏石头、描绘石头、咏叹石头，对爱石、品石之风起到了推动作用。米芾更是对石头爱不释手，甚至称呼石头为“兄”，对石头行礼，将石头人格化，使宋人对石头的审美层次更深入一层。宋徽宗赵佶也极为喜爱奇石。

“前世叠石为山，未见显著者。至宣和，艮岳始兴大役”。(《癸辛杂识》)

艮岳是宋代著名宫苑，是以筑山为主体的大型人工山水园林，因此以山为名。艮岳的主山是寿山，最初是用土筑成的，大轮廓体形模仿杭州的凤凰山，而后从洞庭、湖口、绩溪、仇池的深水及泗滨、林虑、灵璧、芙蓉等名山中开采上好的石料运到东京汴梁，于寿山之上堆叠石料而形成大型土石山。艮岳西侧横卧着平夷之岭，水流如银河坠地，化为瀑布，又有溪涧蜿蜒其间，汇聚成池沼。艮岳突破了秦汉以来宫苑一池三山的规范，把诗情画意移入园林，其宏大的规模与自然的造型手法，堪称南北朝以来对山水创作摹写的继承与发展，它将自然写实主义的假山堆叠技艺发展到了前所未有的高峰。

六、明清的叠石艺术与写意式假山

宋代的假山堆叠技术已经达到了相当高的水平，出现了专门的叠山匠师。元代社会动荡，经济发展缓慢，这一时期的造园活动虽无多大建树，但在叠石造山上，元末高僧惟则于苏州掇垒狮子林，为迄今大规模假山之仅存者。在宋代的基础上，明清两代人将叠山技艺发展到了“一拳代山，一勺代水”的写意阶段，叠石大师层出不穷，他们在实践和理论上使中国古典园林的叠石造山艺术臻于完善。

纵观中国古典园林叠石造山艺术，在3000余年的历史长河中，经历了一个在形式上由土山、土石山到石山，在技艺上由模仿、摹写到写意的持续发展过程，终于日臻成熟而成为中国园林的一大创造。它在中国园林中的主导地位是随着园林选址由郊野转向城市后才得以确立的。叠石造山的技艺水平，在城市园林，特别是在江南园林中表现得最为精巧。遗存至今的山石名品亦多分布于江南各地，代表着叠石造山成熟时期的艺术精华，同时也必然包含着些许衰落的因子，如争富斗奇的攀比之风，片面强调以石构山而忽视植物配置导致生机缺乏等。

第二节　西方园林中的山石要素

18 世纪之前西方园林中很少以石头作为景观，因为在西方神话中山石往往有着不好的象征，例如美杜莎的眼睛，任何人在看到她的眼睛时都会立刻被石化，这里石头被视为邪恶、绝望的象征与符号。西方园林中的山石很少被赋予精神或者文化意义，也不会将自然山石作为独立的景观，只是通过人工切割用以建造石台、喷泉、园路等。

古埃及人生活于非洲东部，自然环境恶劣，所以古埃及人对于自然的态度大多为对抗，对于水、石、植物都通过人工干预打破其原有的自然形态，这种造园方式深刻影响了西方园林艺术。中世纪，西方园林中事物的自然形态几乎都被改造为几何形态。文艺复兴之后，受到浪漫主义影响，人们的审美逐渐转向自然美，自然形态的岩石以及不规则的园林受到欢迎，人们开始将野趣引入园林，追求山石与植物融合的景观。

一、岩石园

18 世纪后期东方的叠石艺术传入西方，通过模拟自然界岩石及岩生植物建造的岩石园自此兴起。

岩石园最早在英国出现，取名为"rock garden"①，其前身为高山园，是 17 世纪中叶，一些植物学家为引进阿尔卑斯高山上的植物所建造。在高山地区有些植物生长在岩石表面或者缝隙之中，由于气候多变、生长环境特殊导致形态奇特。随着文艺复兴"回归自然"理念的兴起，园艺学家发现裸露岩石配以艳丽的高山植物具有较高的观赏价值，从而模仿建造出岩石园。岩石园中的石块从原先的几何形状转变为自然形态，表明当时人们

① 余树勋．园中石[M]．北京：中国建筑工业出版社，2004.

思想上对于自然的态度从对抗转变为共生。

岩石园中石块的选择与配置方式都有一定要求，西方造园更注重逻辑和科学，不仅要满足观赏需求，更注重植物的生长。

石块的选择，首先要能够维持植物在岩石表面或者岩缝中生长的必要环境，石块应能储水、透气，可吸收湿气，表面不宜过于光滑导致反光；其次，基于美观性，石块应表面纹理层次丰富、色彩独特，外形大小不一、偏方正、棱角分明、有平整面，不宜过于圆润。

国外石材种类较为丰富，常见有砂岩、石灰岩、砾岩三种。在建造园林时要因地制宜，就近取材，不苛求某种具体石材，但须为同一类型和区域的岩石。

在置石方面同样有所规范。所有石块的摆放位置和倾斜方向应尽可能一致，在倾斜方向种植植物，保证土壤中水分的贮存；置石时要保证根基的稳定，土中石块要大、要厚重，石块周围的土壤也要紧致结实，插入土中时要平置，不能竖直插入；石块排列要保留一定空间，填入土壤，保证植物后期的健康生长；置石时要考虑园区内的排水，平坦区域不利于排水，岩石园在大雨过后可能成为泥潭[①]；在面积较小的岩石园中，石块的摆放不宜散置，应按照一定方式组织排列，例如朝向或坡度，石块体积不宜过大，应与园区整体面积形成和谐的比例关系，营造独特的自然美感。

英国伦敦的邱园坐落在泰晤士河畔，又称英国皇家植物园，始建于1759年。园中有典型的岩石园(见图9－1)，始建于1882年，位于整体园区东侧，高山植物种类丰富，整体设计模拟比利牛斯山谷的景观，引入水景，改造微气候条件[②]，调节湿度，精准地模拟植物原有的生态环境，有利于植物的长期生长。同时按照植物地理学将植物划分为不同区域种植(欧洲区、非洲和地中海区、亚洲区、澳大利亚和新西兰区、南美洲区、北美区)，精准定位不同区域植物生长的不同需要。

---

① LAWRENCE M. 景园石材艺术[M]. 于永双，吴瑱玥，白昕旸，译. 沈阳：辽宁科学技术出版社，2002.

② 董丽. 园林花卉应用设计[M]. 北京：中国林业出版社，2003.

图 9-1　英国邱园岩石园

二、洞穴

15 世纪文艺复兴时期，洞穴这种形式被运用在意大利的园林建造中，并成为其主要特征。典型的洞穴常位于花园边缘偏僻之处，需要穿过幽深曲折的植物迷宫才能到达，是花园中最为隐蔽的存在，同时象征着以人类为中心的花园设计让位于自然景观。18 世纪，洞穴所象征的恐怖含义逐渐减少，洞穴设计更加注重美观性，雕塑、贝壳、水晶等都用来装饰洞穴。人们用这种方式赋予洞穴浪漫化的新的寓意，通过自然美的新视角欣赏洞穴。

1719 年，英国诗人亚历山大·蒲柏在国王路两侧购置了土地，在近泰晤士河道一侧建造住宅，在另一侧建造私家园林。整个园林分为三部分：河畔住宅、西侧园林以及地下洞穴。地下洞穴最为经典，因为两块土地中间被道路相隔，蒲柏在获得允许后修建了连通宅邸与园林的地下洞穴。

在进入洞穴之前会看到如下标语：“泰晤士河泛起清澈的波涛，你应在此处驻足，阴影笼罩的洞穴中闪烁着耀眼的光芒；此处回响着岩间落下的水滴声，闪烁的溪流撞击着尖锐的晶石……”这预示着将在洞穴内看到独特的美景。洞穴主要部分由椭圆形的空间和不同的水景组成，在墙面和顶部有各种晶石、镜子、贝壳等装饰品，使原本幽暗封闭的空间焕发出独特的光彩，水流以不同形式冲刷墙壁，碰撞这些装饰品，激发出不同的声音，使洞穴空间的美更加生动(见图 9-2)。

图 9-2　蒲柏洞穴

18 世纪末，园林中自然主义倾向更盛，原有的华丽装饰逐渐减少，被更加纯粹原始的石块和植物取代，洞穴的美逐渐被人们理解。

三、石阵

石阵是西方园林中重要的置石方法，其起源可以追溯到欧洲的史前文化遗址巨石阵，其中比较有名的是英国的索巨石阵。巨石阵通常由几十块巨大的自然石柱组成，有序排列成同心圆。建造巨石阵的目的说法众多，一般被认为是天文观测或者宗教祭祀。正因为有这种特殊的含义，巨石阵蒙上了一层神秘的色彩，在此后的现代园林景观设计中，这种特质也被设计师应用到自己的作品当中。二战之后，西方现代园林景观设计受到东方的影响，石质景观的数量开始增加，石阵这种将石块规则排列的形式也被设计师抽象化后赋予不同的含义与象征。

彼得·沃克是西方现代极简主义景观设计大师，1979 年，他在哈佛大学校园内设计了唐纳喷泉(见图 9－3)。唐纳喷泉坐落在人行道路的交叉口处，由 159 块花岗岩不规则排列组成直径约为 18.3 米的圆形石阵，草坪、混凝土、石头，不同的材质和色彩在其中交错结合，给人视觉上带来丰富的观感。这些石块的一部分被埋入地下，与地面的青草相连接，就像是自然形成的。石阵的中间弥漫细小的水珠和白雾，其实是一座雾喷泉。石块配合水景，在春夏秋冬四季呈现不同的景观，春季青草茂盛，夏季水雾弥漫，秋季落叶纷飞，冬季银装素裹，是人造景观与自然景观的巧妙结合。这一景观虽然位于校园道路旁，但是彼得·沃克通过这种独特的设计手法营造出一处相对独立和安静的自然空间，便于人们休息、交谈，人们从中穿越时会感受到强烈的神秘感，就像巨石阵带来的在原始自然中的独特感受。

图 9－3 唐纳喷泉

石阵蕴含的神秘含义逐渐消失，但至今仍被沿用，在现代园林中发挥着独特的作用。

四、雕塑

在西方园林中，雕塑有着突出的地位，就像是东方园林中的山石。无论是在建筑中还是园林中，雕塑都可以被视为标志性的景观，它是一种需要在环境中才能完全展示的艺术形式，需要依附于环境，以环境来衬托。雕塑在园林中既可以作为独立景观处于局部布景中心，也可以和水景、建筑相结合用于装饰。

雕塑的最大意义在于，作为一种符号，通过自身形象向观赏者传达信息或者精神。这种形象应包含某种已经达成一定共识的物象，可以是抽象的，也可以是具象的，能够代表某种人或是某种社会现象的本质特征。西方园林中的雕塑多是人物雕塑，其原型大多是园主人、历史名人、当地权贵、神话以及民间故事中的人物。神话以及民间故事有着更为丰富的象征和隐喻，主要有三种组成：来自人类基本生存需要的关于岁月的“丰饶”，来自早期对天堂乐园“美与欢乐”的憧憬，来自对“权力与力量”的追求。

园林中的雕塑作为符号语言往往能最直观地传达出园林的主题。路易十四自比太阳神，所以在建造凡尔赛宫时其中宫殿、花园、雕塑都围绕太阳神这一主题展开。凡尔赛宫的四季喷泉(见图 9－4)强化了这一主题，同时表达了人们对于生活丰饶的向往。古希腊神话中，一年四季均与神相联系，古罗马延续了古希腊的神话体系并在雕塑中体现。春季喷泉借助花神福洛拉象征生机勃勃的春天，她头戴玫瑰花环，悠闲自然地靠在花篮旁边，祥和安逸，这也隐喻路易十四时期是一个充满生机的光辉时代；夏季喷泉借助谷神刻瑞斯象征繁荣旺盛的夏天，她半躺在满是谷穗的地面上，周围有三个丘比特在嬉戏，象征在路易十四统治下欢乐富饶的景象；秋季喷泉借助酒神巴克斯象征硕果累累的秋天和胜利后的狂欢，他头戴葡萄藤，斜躺在摆满了葡萄串的地上，脸上洋溢着幸福的微笑，葡萄、树干、酒杯是他的代表物品，分别象征着丰饶、自然与欢乐，代表路易十四统治下的人民有着富足快乐的生活；冬季喷泉借助农神萨图恩象征自由平等的黄金时代，雕塑中他张开双翼展示权威，周围是象征冬天的寒冷海洋，象征着路易十四时期是一个新的充满自由的时代。旁边的春季喷泉与其巧妙形成了闭环，寓意冬去春来，黑暗的时代已经过去，现在和未来都是光明的。凡尔赛园林中的雕塑与装饰品充满各种象征含义，四季喷泉是其中杰出的作品之一。

夏

春

秋

冬

图 9－4　四季喷泉

园林雕塑传达出的是形式与内涵相结合的美感，只有探索不同园林的历史文化背景，才能理解不同雕塑所传达的深意与造园者的良苦用心。

第十章

园林中形式与符号的造园要素：理水

第一节 中国园林中的水景

无论在古代还是现代的园林设计中，水是造园者极为钟爱的元素之一。通过模仿自然界中的池塘、溪流、瀑布、喷泉等各类水体形态，造园者能够创造出具有丰富表现力的自然景观，让人们感受到大自然的魅力和生命力。

“园林离不开山，也离不开水。如果说，山是园林之骨，那么，水就可以说是园林的血脉。”①

中国古典园林中的水体很少采用规整的驳岸，传统的理水手法是追求广阔的水面和源远流长的水势。

小型庭园或大型园林局部的水体形态主要是水池。池上理山或就水点石，颇有趣味。池畔往往建有亭台楼阁、廊榭轩舫，点缀着错落有致的石头，种植垂柳碧桃，在池水的倒映下别有一番意境。

① 金学智．中国园林美学[M]．北京：中国建筑工业出版社，2005.

庭园中大大小小的池塘间通常凿出溪流，蜿蜒曲折连接多个节点，丰富庭园的空间形态。比如南京瞻园静妙堂西边的回流溪涧，它连接了堂前后两个池塘，前段湖石沿涧砌筑，与堂前叠山壮景联成一气；后段平坡缓渡，涧若大若小，就中架设石板桥，苇草沿溪而生，涤尽尘俗。

湖泊、池沼等大型水体通常是在天然水体的基础上稍加人工改造，或依地势就低凿水而成，例如北京北海和杭州西湖，《园冶》中"纳千顷之汪洋，收四时之烂漫"，也只有在这样的大型园林中才能欣赏到。在这类开阔的水面上，通常会采用排列岛屿、布局建筑的手法，以形成一种离心式的散逸格局，使游客感受到远离尘嚣、回归自然的宁静与闲适。比如杭州西湖的三潭印月、湖心亭和阮公墩三岛，湖中有岛，岛中有湖，形成了层次丰富的水景景观。

在开阔水面上表现悠悠烟水意境时，应当借助远景衬托，增强美感。以承德避暑山庄的澄湖为例，远处群山隐约可见，这种借景手法有效地提升了水面的景观效果。在颐和园的昆明湖东岸，向西远观可看到玉泉山和玉峰塔倒映在昆明湖水面，成为中国古典园林最著名的借景案例。

在中国古典园林中常见人造瀑布。常用的办法是把石山叠高，在山顶挖池蓄水，水流从假山上倾泻而下，水花四溅，水流如瀑。宋徽宗艮岳有瀑布屏：

"又得紫石，滑净如削，面径数仞，因而为山，贴山卓立，山阴置木柜，绝顶开深池。车驾临幸，则驱水工登其顶，开闸注水而为瀑布，曰紫石壁，又名瀑布屏。"(《艮岳记》)

也有以竹子承接檐沟流水，藏入岩石缝隙，用假山石重叠垒高，下面开凿小池承水，安放一些石头在池子里面，下雨的时候能让飞泉激荡，流水潺潺，也是一大奇观。

此外，中国古典园林中还有天然泉水、临岸深潭(常设置于假山或瀑布之下)、浅滩等。如果园中缺少水源，则会用盆、缸等容器来承载水景，这类水景灵活性强，可以根据需要进行搬迁，通常作为点缀庭园水景之用。

英国18世纪著名的建筑师威廉·钱伯斯在他的著作《中国的建筑、家具、服饰、机械和器皿之设计》中，有一节专门讨论了中国人的花园布局艺术，其中谈到了他对中国园林水景的印象：

“那里的河川几乎没有一条是笔直的，大多是曲折呈不规则形的。有时很窄，水声很大，形成激流。又有时变成深流，宽度增大，水流变缓。不论是河流还是湖沼，都是芦苇丛生，生有水边植物。莲花是他们最喜爱的。也常常设有水车和汲水机，这些东西一动，就打破了景色的静止状态，而呈现生气。有时也航行各种船只，它们的形状和大小各有不同。湖水中点缀着一些岛屿，有些被岩石和浅洲围绕，没有什么趣味，但是有些则由于艺术加工和天然景色而装点得十分美好。在地势良好而且供水充足的地方，在庭园里的上方建造瀑布是决不会失败的。他们在山丘地方观察天然造化的妙处，模仿其妙而应用于庭园建造中。水从大洞窟和形状复杂的假山中奔流而出。在有些地方，则出现猛烈的大瀑布，再变为许多细流，时常有树木遮住水流，树木的枝叶使水见不到阳光。在另外一些地方，则有水沿山而流。时常看见粗木造的桥由一座假山架到另一座假山，桥墩下有瀑布的激流流过。在水流经过的途中放置树木和石块，以挡住水流，而形成激流飞溅。”

总的来说，中国古典园林中的水景，无论是静态水还是动态水，都以自然形态为主。

第二节 西方园林中的水景

西方园林偏爱用水池、喷泉、瀑布等来作为园林中的装饰符号。

大自然中的水是多变的，但在西方古典园林中，水景多被设计成规则的形态，沟渠是笔直、规则的，水池被设计成规整的几何形；即使是从斜坡上倾泻下来的湍急水流，也是沿着一层又一层石阶形成一道又一道的水幕。

意大利花园常建于山坡之上，因此其中的水景多为动态。法国园林设计师雅克·博伊索·德拉巴罗德里曾说：“水在干旱时可灌溉，也是庭园凉爽所不可缺的。特别是流水，在庭园的装饰上起了重要的作用。唯有生动活泼的流水，才是生气勃勃的庭园的灵魂。”流动的水带来了光影的明暗交替和清脆的响声，这些活灵活现的、充满了生命感的水景，就像是花园的血液。

除水池、跌水外，西方园林中还有一种与东方截然不同的水景——喷泉。

喷泉是西方园林中十分常见的水景。早在公元前3000年就有关于人造喷泉装饰庭园的记载。古希腊早期的喷泉是有宗教意味的，通常建在人造的水池中，池边建有神庙。除了宗教作用之外，喷泉也有储水作用。古罗马的喷泉除了装饰功能之外，也为平民提供公共用水。在中世纪庭园里，喷泉的形态和颜色是多种多样的，是庭园主要的装饰品。喷泉的设计理念与建筑风格的转变如出一辙，从古罗马式到哥特式，再到文艺复兴式。如果说中世纪之前的喷泉是一种既具有实用性又有装饰性的景观装置，在文艺复兴时期，喷泉便演变为纯粹的装饰品。为了增强装饰效果，人们经常在喷泉上添加雕塑，形成了所谓的雕塑喷泉，雕塑的主题多为神灵、英雄、动物等，这类喷泉基本上是以雕塑的名字命名的。尽管喷泉本身不具备任何象征意义，但当它与一座有着清晰象征意义的雕像结合在一起时，便可转化为一种园林象征符号，表达出园林的主题。罗马纳沃纳广场著名的四河喷泉便是其中之一(见图10-1)。

图10-1 四河喷泉

四河喷泉建于1647—1652年，是意大利著名雕塑大师贝尔尼尼的作品。四河指非洲尼罗河、亚洲恒河、欧洲多瑙河和拉丁美洲拉普拉塔河。

作者用四座大理石人体雕像象征四条河，中间是假山和一个埃及式的方形花岗岩尖塔，雕塑的下方环绕着巨大的水池，水池中央用石灰岩堆砌成假山，喷泉的出口都设置在其中。

巴洛克时期的建筑师们偏爱用水，他们千方百计地设计各种新颖别致的水景设施，称为“水魔术”，包括水剧场、水风琴、惊奇喷泉、秘密喷泉等。

水剧场是一种通过水压作用来展示不同戏剧效果的装置设施。阿尔多布兰迪尼庄园中有一个巨大的半圆形水剧场，在护墙内有一种可以借助水流动力发出类似雷鸣声的装置。水风琴是利用水流通过管道，发出类似管风琴般音响效果的水工装置，和水剧场不同的是，水风琴是在山洞里“弹奏”。惊奇喷泉平常不喷水，当人靠近时，水柱会突然喷出，使人感到惊奇而有趣。私密喷泉是将喷水口隐藏起来，但能使人感受到周围凉意，而不是喷人的游戏设施。

法国古典园林水景以静态的水为主。但是凡尔赛宫受意大利园林的影响，动态水元素被大量运用，包括水剧场、水花坛和各式喷泉，这些都是运用多种艺术手法来展现水的飞动之美。

在西方园林中，大型的水池或河渠会被设置在全园的主轴线上，比如凡尔赛宫前设置了巨大的十字形水池。河渠则是勒诺特尔风格中最重要的元素之一。河渠不仅可以使庭院显得宽阔，还满足了当时的西方贵族喜欢划船欣赏美景的需求，在船上演奏音乐时，音质效果会得到显著提升。

由于西方古典园林的整体布局呈现出几何形态，因此园林中的水景也常采用整齐划一的设计手法，以实现与整体景观的和谐。一般来说，水池的设计以方形、长方形、圆形或多边形为主，它们被安排在庭院中央、朝向主体建筑或公园入口等重要位置。此外，在中世纪时期，西方古典园林中经常建有浴池。培根曾经说过，在他生活的时代，浴池是最普遍的。园林中还建有鱼池，例如英国彭斯赫斯特庄园。

英国自然风景园林也非常注重对水的艺术处理，主要通过模仿自然水体的形态来理水，营造出平静如镜的水面效果，展现出一种淡雅宁静的特点。这也是由于英国园林占地面积广阔且地势平坦，很难创造出意大利园林那种令人兴奋的动态景观。英国自然风景园林也经常采用小规模的规则式理水形式。例如，几何形的水花坛和水池常常被用来装点园林的四周。尤其在风景园林发展的后期，人们对规则式园林的表现方式和手法也不再完全排斥，因此，这些最能展现人工技艺之美的理水形式被重新运用到园林设计中，并经常被设置在较为醒目的位置。

溪流是18世纪英国园林独特的水景形式之一。在英国自然风景园林中，设计师通常会对自然的溪流和河道进行必要的改造，以提高其美观度和观赏性。这种曲折流淌的线形水体为园林注入了新的元素，增添了灵动性。溪流两岸有时是青青草地，有时是茂密森林，其生机勃勃的景象远远超过了规则式园林中笔直的水渠。此外，英国自然风景园林也常在地势较低的地方蓄水成湖，成为园林中最大的水域，既有一湖独秀的形式，也有以湖泊为纽带的形式，为游客提供了广阔的视野和丰富的景观体验。大湖广袤，雁群鸣叫，波光粼粼，令人心旷神怡。溪流与植物造景、建筑、动物点缀紧密地融合在一起，构成了极为丰富的园林景观。例如斯托海德风景园(见图10－2)，通过对流经园内的斯陶尔河进行分流和截流，使园内

图10－2　斯托海德风景园

形成一个开放的天然湖泊，以湖泊为中心，环湖分布着神庙、洞穴、农舍等景观节点。园内的植被种类繁多，以冷杉、山毛榉、黎巴嫩雪松、水松、落叶松等树种为主，构成了以针叶树为主的林地。南洋杉、铁杉、红松、石楠、杜鹃等植物在18世纪中后期被引进。山川河流连绵起伏，景色壮观。园内还建有洞穴、住宅，并豢养动物，将生活休闲与自然环境相结合，充分反映了当时英国园林的美学特征。

第十一章

实现民心相通的景观形式与符号

植物、山石、水体，这些景观形式与符号均构成了文化景观，具有人类文明痕迹或文化影响的文化景观不仅反映了文化体系的特征和一个地区的地理特征，更是最直观的文化交流机制。在多元文化背景下，文化景观符号作为传播媒介，通过特有的视觉形式促进多元文化的交流融合。

文化景观的概念是1992年12月在美国圣菲市召开的联合国教科文组织世界遗产委员会第16届会议时提出并纳入“世界遗产名录”的，指的是《保护世界文化和自然遗产公约》第一条所表述的文化遗产。

中亚文化景观是一个多层面、多内涵的概念，其人文交流和传播无不受“一带一路”共建国家政治、经济、文化的影响，呈现出多元的视觉形态。中亚的世界文化景观遗产资源丰富，包括泰姆格里考古景观岩刻、苏莱曼圣山、普罗图-萨拉则城区遗址等。2014年，由中国、哈萨克斯坦、吉尔吉斯斯坦三国共同申报的“丝绸之路：长安-天山廊道的路网”成功入选联合国教科文组织的“世界遗产名录”。路网跨距近5000千米、总长达8700多千米，沿线包括中心城镇遗迹、商贸城市遗迹、交通遗迹、宗教遗迹和关联遗迹五类代表性遗迹共33处。中国境内有22处考古遗址和古建筑遗迹，分布于陕西、河南、甘肃和新疆四省(区)，哈萨克斯坦、吉尔吉斯斯坦境内各有 8 处和 3 处遗迹。丝绸之路不仅仅是一条贸易通道，更是东西方文化互相交融、相互启发的见证。它展示了人类在文化交流中的智慧和创造力，也提醒我们珍惜并促进跨文化的理解与合作。中亚地区的文化景观符号是多元文化融合的见证，更是实现文明互鉴、民心相通的具象纽带，对当下“一带一路”文化交流和民心相通具有启示意义。

第一节 丝路文化与景观符号

丝路文化与共建各国文化景观是紧密联系的，而其中的景观符号是丝路文化信息的重要载体。文化景观具有符号性是因为它具备符号的基本特征。首先，视觉艺术形式多样，皆是以可被感知和接触的物质实体，呈现出由具体的线条、色彩、图像、空间等要素所构成的结构系统，各要素构成沿袭基本的美学规律和形式逻辑进行物质呈现，形成丝路文化景观整体性和多样性并存的具体形式。其次，景观形式具备作为语言学的许多特征，例如十分明显的关联性、历史性和社会性，文化景观的符号性特征决定了在丝路文化传播中的真正意义。语言学家索绪尔提出，语言符号连接的不是事物和名称，而是概念和音响形象。所指和能指分别代替概念和音响形象①。

由此，景观形式同其他语言形式一样，其视觉符号具有能指和所指两个维度。其中，景观形式的能指是由构成要素——线条、色彩、图像、空间等进行的物质形式表达，表现为具体的建筑形象、雕塑造型、植物配置等视觉符号；景观形式的所指则是其所具备的心理、观念、意义等信息，是不同文化相互适应的文化印迹。例如佛塔建筑本身的造型特征和基本形制(能指)与其功能和象征意义(所指)是紧密联系、密不可分的，离开基本视觉符号组成的佛塔形象，其意义便无所依附；同时，识别建筑的宗教意义之后，其视觉形象的符号仍然存在相对独立的审美价值(见图 11－1)。因此，能指和所指两者有效结合才能使景观形式本

① 索绪尔．普通语言学教程[M]．高名凯，译．北京：商务印书馆，1980.

身具备表达意义的功能，从而在文化传播方面起到重要的媒介作用。

图 11－1　巴基斯坦贾乌利安佛塔和寺院遗址

自国际符号学研究协会 1969 年在巴黎成立后，符号学在众多领域引起广泛讨论及应用研究。建筑符号学和城市空间符号学因此发展起来，学者们也开始以建筑符号学的理论框架为蓝本对景观符号学进行探索。景观符号学在对景观的文化意义研究方面有其独特的方法和优势。符号是景观语言体系中的基本单位，景观符号是研究景观符号学的基础。

第二节　中亚文化景观的具体表现

自然景观是文化景观产生的基础，从根本上决定了区域内人类物质生产与精神生活的基本形态和活动方式。城市内的文化景观基于与其相关联的自然环境，通过人类的景观设计活动映射着当地的历史信息、文化心理、审美观念或宗教倾向。因此，也可以将文化景观看作人类通过景观设计想要表达的抽象的文化信息的物质外化①。

① 苏泽宇．“一带一路”境外文化融通的空间向度[J]．青海社会科学，2016(2)：15－21.

一、骆驼

在中亚城市景观中，骆驼这一元素在其中呈现出很明显的符号性特征(见图 11-2)。中亚地处天山南脉与里海之间，沙漠、半荒漠和草原占比较大，骆驼对沙漠环境的强适应力使其成为该地区重要的骑乘和驮运工具。对于中国来说，从洛阳、长安出发西行经河西走廊进入西域到达中亚的绿洲之前要穿过中国最大的沙漠地区——塔克拉玛干沙漠，因此早在汉代开辟丝绸之路时，骆驼就成为商人们穿越大漠进行长途贸易的最佳运载工具。骆驼形象在工艺品中的应用甚至可以追溯到更早的秦朝。

图 11-2 哈萨克斯坦阿拉木图市骆驼雕塑

在秦始皇兵马俑一号坑中出土了一件单体金骆驼(见图 11-3)，其工艺精致，在当时的中原地区很少见，由此推断它可能是文化交流的产物，这为汉代丝绸之路开通以前东西文化交流提供了重要依据。骆驼为中亚带来了源源不断的财富和机遇，也为东西方文明的交流搭建了桥梁，因此在中亚地区有着不可替代的地位和价值。骆驼是在中亚城市景观中频繁出现的元素，多为雕塑景观小品，可以利用景观符号学的理论将其作为一种符号进行研究。

图 11－3　金骆驼

根据语言学原理和建筑符号学的结构，景观符号应具有表现层和实意层两层意义。表现层指景观符号的大小、颜色、形状、纹样等具有表现性的基本信息；实意层则是指景观符号传达的诸如功能、历史、文化、美学、技术等方面的意义①。以哈萨克斯坦阿拉木图市某庭院骆驼景观雕塑为例(见图 11－4)，从其表现层来看，主要可以得到它仅作为雕塑外化的物质形象信息；而从其实意层来看，则包含了不同层次的意义，最浅层是它具有的观赏功能，同时反映了当地一部分生产生活方式的信息，即骆驼

图 11－4　阿拉木图市某庭院骆驼景观雕塑

① 邓位．景观的感知：走向景观符号学[J]．世界建筑，2006(7)：47－50.

担当的骑乘、驮运的功能，骆驼作为装饰出现，反映了骆驼已经作为艺术形象成为当地文化的一部分。此外，骆驼和石榴这两个符号同时出现具有很明显的丝绸之路象征意义，易使人联想到丝绸之路共建国家自古至今的贸易与文化交流，进而感受到丝绸之路对世界文化交流和融合的影响力。

二、水

水在中亚城市景观中以丰富的形式普遍存在，包括喷泉、河流、小溪、池塘等形式，成为一种景观符号(见图 11－5)，其实意层可以大致概括为中亚人民对水的珍视与热爱。自古以来中亚大部分地区气候干旱，蒸发量高，水资源利用矛盾突出。在这样的背景下，水景不仅作为视觉观赏的对象存在于城市景观中，也具有神圣的象征意味。在世界园林理论中，花园和水景的作用在几个层次上展开，包括设计的立场和花园的组成、与艺术(美)的关系、涉及的感官和心理能力。这些方面都充满了象征意义，并贯穿着东方和西方以及两者的连接部分，即中亚、中东、西亚园林的历史和影响。

图 11－5　中亚城市景观中的小桥流水

水是包括人类在内所有生命生存的重要资源，在生命演化中起到了重要的作用。人类很早就开始对水进行认知，东西方古代朴素的物质观中都把水视为一种基本的组成元素，水作为一种文化元素，甚至影响和构成了先民朴素的世界观。古希腊哲学家泰勒斯说过，“大地浮在水上”①。在所有文化中，水都滋养着园林，是生命的象征。

尽管对于水景的处理方式和表现形式有所区别，但无论是中亚还是中国的城市景观在对水的地位的认识上是殊途同归的。

三、山

与水相同，山岳作为自然存在的神圣表达，与世界各地最深层、最崇高的价值观、文化理想和传统密切相关②。在中国文化中，山往往也赋有特殊的意义。中国人对于山石的特殊情感，奠定了山石在园林艺术中的地位与作用，决定了山石在中国园林中的表现形式与象征意义，这也可以说是山石作为景观符号在中国最显著的实意层信息。

吉尔吉斯斯坦也有着中亚地区极为重要的世界文化遗产——苏莱曼圣山（见图 11-6）。苏莱曼圣山坐落在吉尔吉斯斯坦南部的费尔干纳盆地，位于该国第二大城市奥什市中心地带，由五座山峰相连，形成了城市的屏

图 11-6　苏莱曼圣山

① 泰勒．从开端到柏拉图[M]．韩东晖，聂敏里，冯俊，等译．北京：中国人民大学出版社，2003．

② 杜爽，韩锋．文化景观视角下的国外圣山缘起研究[J]．中国园林，2019，35(5)：122-127．

障，也是中亚丝绸之路的交汇口和过去旅者或商队的地标，在2009年被列入"世界遗产名录"。世界遗产委员会评价："苏莱曼在超过一个半世纪的时间里一直是旅行者的指示灯，被尊为圣山。其五座山峰和山坡散布着无数古代朝圣之地和岩石壁画的岩洞，以及两座16世纪建造的清真寺……该地包括17个仍在使用的朝圣地……该遗产被认为是中亚地区圣山最完整的象征，被崇拜了长达几个世纪。"

圣山历史悠久，以其作为切入点易于理解人与自然之间的精神联系，且其在保护文化与生物多样性、维系人类精神福祉方面起到了重要的作用。圣山这一概念主要突出的是山岳的神圣性联想。这种联想一是源于因海拔高度而产生的超越性象征空间，即"高耸""巍然屹立"等词语表达的含义；二是源于高山气候所形成的雷暴、云雨等自然气象，先民视其为神灵降世的征兆，因此又将山岳看作神的居所①。

苏莱曼圣山蕴藏着奥什3000多年的历史。其多处山洞内留存的众多岩画记录着当时人们的生产生活情况，是珍贵的历史文物。奥什人建成了一个庞大的洞穴博物馆(见图11-7)连接各个山洞，以更好地保存这些岩画。此外还有发现的各个时期的石器、陶器、铜器等珍贵文物，并有当时捕猎的工具以及猎物标本。因此，苏莱曼圣山对于中亚来说代表着珍贵的历史和宗教信仰，这也是其圣山符号实意层所包含的信息。

图11-7　苏莱曼圣山洞穴博物馆内部

① 伊利亚德. 神圣的存在：比较宗教的范型[M]. 晏可佳，姚蓓琴，译. 桂林：广西师范大学出版社，2008.

四、植物

中亚的城市景观中还大量运用了原产于丝绸之路共建国家的植物种类，大到乔木，小到草本植物，如中国特有的树种铁杉、原产于欧洲及亚洲中南部地区的地肤、原产于日本及中国四川一带的绣球等。

以绣球花为例，绣球花具有花期长、品种多、易栽培等显著优点，是重要的观花植物。绣球花原产于中国和日本，自唐代就有文献记载，于18世纪传入欧洲，后广泛应用于植物景观营造①。人们对绣球花的追捧不仅是因为其外观与栽培优势，更是为了通过认同其文化内涵来实现自身精神追求和价值取向的表达。阿拉木图市郊的某餐厅庭院中大量栽植了绣球花品种贝拉安娜(见图 11－8)，其文化内涵在中亚地区受到认可，与中亚当地植物文化进行融合，形成了独特的城市植物景观。

图 11－8　阿拉木图市某餐厅庭院的绣球

① 曾奕，杨伟权，郁书君．绣球花的育种研究进展[J]．广东农业科学，2018，45(6)：36－43.

中国在通过丝绸之路与中亚进行贸易往来时也吸收了来自中亚的植物种类，“榴花西来”就是一个典型的丝路植物文化交流事件，为丝绸之路上的文化传播与融合现象提供了例证。石榴原产于伊朗、阿富汗和高加索等中亚地区，向西传播到了地中海沿岸各国，从西亚经中亚地区传至新疆，在汉代，由张骞出使西域时经丝绸之路传入长安，后不断扩散，及至明清时期已在我国广泛栽植。石榴因其花色彩艳丽、果实晶莹饱满，成为艺术表现的对象与艺术表征符号。在传入中国后，石榴艺术符号也受到了中国本土文化的影响，融入中国独特的艺术创作载体中，例如唐三彩、瓷器、文人画等(见图 11－9)，且在融合后衍生出了不同于其他民族和地区的艺术形象组合。在中国，石榴主要象征多子多福，这种文化观念与其在西亚、中亚文化中象征子孙繁衍一脉相承，而又与波斯文化将石榴作为丰收的象征有所区别。在植物景观营造方面，石榴乃“花之最能持久，愈开愈盛者”，且树姿优美，成为庭院景观中常用的树种。

图 11－9　唐代鎏金飞狮纹银盒中的石榴花

与石榴一样，茉莉花、无花果等植物也是由中亚传入中国，在中国城市景观中逐渐成为不可或缺的组成，它们的文化内涵既有对原产地文化的传承，还吸收和融合了中国文化。

以骆驼、水、山、植物等元素构成的中亚景观是地域性文化的具体符号，依托中亚的自然和人文环境成为跨越时空的经典形象，以艺术的形式承担着文化交流和传播的重任。中亚文化景观符号具有本土文化和外来文化交流融合的印迹，特别是在丝绸之路文化传播的大背景下，中亚各国与中国的文化交流融合十分广泛，具有相同的能指和所指意蕴，是文化景观艺术形式在丝绸之路上文化交流和传播的具体印迹。这样的印迹承载着千百年来丝路沿线各个重要节点的人文历史，也通过物化的形式融入当地人民的生活当中，使文化形成符号并向外传播。

结　　语

海格德尔说过，艺术就像我们的存在一样既是如此的扑朔迷离、神秘莫测，又是那样的晶莹剔透、近在咫尺，艺术作品既建立一个世界，又锁闭一片大地，艺术的真理就是世界与大地的持续性争执。而景观艺术作为一门大地(土地)的艺术，从人类文明诞生开始就与生养我们的土地牵绊和联系在一起。而“诗意地栖居在大地上”又是今天所有人的共同向往。

“从景观中走来”，既像去神秘远方拜访友人，又像与两三发小围炉煮茶，那种忽远又近的感觉好似杏坛下端坐聆听度春秋的学子，又似与维吉尔携手同行游历天地的门徒。

而这样的题目有着三层意思。“景观”是名词，“走来”是动词，书名代表着这本书的写作初衷。一是希望溯源，从本质看景观的形成与发展。二是文明与文化需要不断地更新与交流，无论是丝绸之路还是香料之路，无论是陆地还是海洋，也无论是玄奘、马可波罗还是麦哲伦，这些路都要行走，却还不够，故也都在路上，正因为在路上，才有今天的“一带一路”。有人说“一部园林史就是一部世界史”，随着世界格局不断向多边主义发展，尊重每个国家、每个民族、每种文化的多元性就显得更为重要，这是一个时代主题，从未终止。所以书名的第一字“从”代表起点，而“走来”代表认识的过程，却没有终点，这便是第三层意思。

成书的过程不是一件容易的事情，却也在过程中不断地学习与思考，这也是写作的意义与乐趣所在。回顾整个撰写过程，仍先要对前人为本书提供的大量参考书籍表示感谢，《淮南子》有道："非准绳不能正曲直"，正是有前人这样的"润玉"才能让来者的"璞石"得以雕琢。再就是要感叹快速发展的今天，人好像变成了机器，每天重复着相同的动作，无休止地运转；而机器又好像变成了人，人工智能高速发展，令人对未来有种强烈的不确定感与无力感。在这样的生存状态下，人们逐渐丧失了诗意和灵性，生活的美感消失了不少。

叔本华的"钟摆"比喻非常恰当地形容了现代人的生存状态："人生就像摆钟一样，在痛苦与无聊之间摇摆。当需要为生存而劳作、欲望得不到满足时就会痛苦，当欲望得到满足时就无聊。"如何摆脱这种困境？叔本华给出的答案之一就是艺术创造。荷尔德林和海德格尔所倡导的"诗意地栖居"亦然，旨在通过人生的艺术化和诗意化来抵制科学技术和工业文明所带来的个性泯灭以及生活的刻板化和碎片化。宗白华也悄悄告诉了我们路径："从细雨下，点碎落花声。从微风里，飘来流水音。从蓝空天末，摇摇欲坠的孤星。"这些艺术成分都是景观中不可或缺的元素。从景观中走来，陪着心看风景，我想没有比这更美好的事情了。

蒋维乐

2024 年 6 月